★『农家书屋』特别推荐书系

种植技术类

特种经济作物栽培技术

林蒲田/主编

湖南科学技术出版社

图书在版编目(CIP)数据

特种经济作物栽培技术/林蒲田主编. —长沙:湖南科学技术出版社,2009.3

ISBN 978-7-5357-5577-3

I.特… Ⅱ.林… Ⅲ.经济作物-栽培 Ⅳ.S56

中国版本图书馆 CIP 数据核字(2009)第 030592 号

特种经济作物栽培技术

主　　编:林蒲田
责任编辑:彭少富
出版发行:湖南科学技术出版社
社　　址:长沙市湘雅路 276 号
　　　　　http://www.hnstp.com
印　　刷:唐山新苑印务有限公司
　　　　　(印装质量问题请直接与本厂联系)
厂　　址:河北省玉田县亮甲店镇杨五侯庄村东 102 国道北侧
邮　　编:064101
出版日期:2017 年 10 月第 1 版第 2 次
开　　本:787mm×1092mm　1/32
印　　张:5
字　　数:116000
书　　号:ISBN 978-7-5357-5577-3
定　　价:20.00 元

绪 论

随着时代的进步，科学技术的发展，人们生活水平的提高，人们对生活物质的需求越来越高，特别是由于食物结构的改善，对“吃”的方面尤为讲究，在吃饱、吃好的基础上，要求吃得健体，延年益寿和益智。又随着我国与国际交往的日益增多，旅游事业迅速发展，涉外宾馆大规模兴建，促使一些特种经济作物成为名特优食物和高档商品，并从无到有，从少到多，而且不断在更新发展，供销矛盾较为突出，显示了发展的广阔前景。

玉米一向是作为粗粮和饲料用，然而现在开发出来的黑玉米和甜玉米，一下却变成了人人爱吃的“水果”与“蔬菜”了，并成了具有乌发养颜、延缓衰老的保健食品，而变为“时髦一族”，走俏八方。荞麦过去只是用来救荒用的小杂粮，一向无人重视，而今，也成了能降血压、抗癌和抗衰老的绿色保健食品。过去被认为是野草的绞股蓝，不到几年功夫，便荣登“南方人参”的宝座而身价百倍，畅销海内外。还有很多特种经济作物，也脱颖而出，竞相登上宾馆、酒店的大雅之堂。

随着人们审美能力的提高，在吃的蔬菜中，既要耐贮存，又要营养丰富和具保健功能，更要像花一样的好看，和工艺品一样的美观。从而耐贮存又能减肥的搅瓜、工艺品一样的飞碟瓜、奇怪瓜，可以盆栽，又像鲜花一样美丽的羽叶甘蓝，也应运而生；具有较全面营养而又具多种药用功能，又可作花卉栽培的紫背天葵，也成了当今阳台上的一道风景线……

我国特种经济作物资源异常丰富，分布遍及全国，产品商品性强，投入低，效益好。但有的过去分散家种；有的虽有大面积种植，而其商品价值未能引起应有的重视；有的由于要求特定的栽培环境，为技术所限；有的还是改革开放以来，在市场经济浪潮的冲击下，才被开发利用。因此，积极发展各地的自然资源优势，因地制宜大力发展特种经济作物生产，将是广大农村脱贫致富奔小康的一条捷径。

本书较详细地介绍了特种作物、特种蔬菜、特种药材和特种香料植物（共 23 种）的经济价值、栽培技术、初级加工和食用方法，目的在于培养有志于农村的青年，对特种经济作物开发利用的现实意义有所认识，树立市场经济意识，掌握几种主要特种经济作物的栽培技术，成为农村致富的带头人和指导者，从而带动农村经济的进一步发展。

目　录

绪　论 …… 1
第一章　特种作物 …… 1
　第一节　黑玉米 …… 1
　第二节　甜玉米 …… 13
　第三节　黑大豆 …… 21
　第四节　黑芝麻 …… 27
　第五节　荞麦与荞麦芽 …… 34
　第六节　绿豆与绿豆芽 …… 44
　第七节　凉粉果 …… 53
第二章　特种蔬菜 …… 58
　第一节　佛手瓜与龙须菜 …… 58
　第二节　搅瓜 …… 67
　第三节　奇怪瓜 …… 76
　第四节　飞碟瓜 …… 80
　第五节　黄秋葵 …… 84
　第六节　紫甘蓝 …… 93
　第七节　羽衣甘蓝 …… 98
　第八节　紫背天葵 …… 102
　第九节　白扁豆 …… 107
　第十节　四棱豆 …… 111

第十一节　藤三七 …… 118
第十二节　槟榔芋 …… 122
第十三节　魔芋 …… 127
第三章　特种药材 …… 135
第一节　绞股蓝 …… 135
第二节　薏苡 …… 142
第四章　特种香料植物 …… 151

第一章　特种作物

第一节　黑玉米

现已发现，玉米有黄、白、红、蓝、紫、黑六大色系。黑玉米是指玉米色泽为蓝色、紫色、乌色、黑色的具有特殊用途的各类玉米的总称。如黑甜玉米、黑糯玉米、黑爆玉米等。黑玉米的概念是相对于黄玉米、白玉米而言的。它们在种质、生物学性状、栽培管理等方面与普通玉米差别不太大，重要的是在营养、功能、保健及其加工利用方面，存在着独特之处。它们超出或有别于普通玉米所谓的食用、饲用和工业用粮的一般概念，是普通色泽玉米在实用意义上的延伸，在特殊用途上的深化。

玉米在16世纪传入中国。栽培历史约有460多年。我国何时有黑玉米，尚待深入考证。我国清代学者张宗法在公元1760年写的《三农记》一书中就记载有黑玉米。至少说明我国在1760年以前黑玉米在我国已有一定的栽培面积，而产生的年代则一定更久、更远。相传，因黑玉米好看、好吃，深受慈禧太后喜爱，故清代一直被列为“贡品”。

改革开放以来，随着生产力水平和营养科学的日益发展，市场对健康食品和功能食品的追求，人们惊讶地发现：黑玉米无论是口感、味觉，还是营养价值、保健功能，均比黄玉米有着更诱人的价值，更独特的功能，更广阔的市场，故被誉为玉米家族的“黑牡丹”，而走俏市场。

黑玉米既可为粮，又可为蔬；既可嫩穗鲜食，又可冷冻贮存，四季上市。且香、甜、嫩、黏，味美至极，营养丰富，功能独特，为美味食品、营养食品、功能食品中之上品，被称为玉米家族的新兴“水果”和“作物蔬菜”，是高级宾馆、饭店餐桌上艳丽的“千金”，娇娆的“皇后”。故在市场一露头角，即成为“时髦一族”而走俏八方。

黑玉米综合开发利用价值也很高，其采收后的花丝和茎叶营养丰富，鲜嫩适口，是家畜的好饲料。畜禽吃了长得快、肉质好、上市俏。

目前，黑玉米上市资源广，种源俏，开发利润大，产业开发效益好，是农户种植致富的好项目，城里人下乡兴业的新渠道，产业开发蕴含着无限商机。

一、开发利用价值

黑玉米的籽粒除含有大量黑色素外，黑玉米蛋白质含量比黄玉米高13.96%，从蛋白质的氨基酸构成来看，黑玉米籽粒中所含的氨基酸种类比较齐全，17种氨基酸的含量有13种高于黄玉米，特别是与人体生命活动密切相关的赖氨酸、精氨酸的含量分别比黄玉米的含量提高了25%和67%。

黑玉米籽粒中的脂肪和膳食纤维的含量也比较高，分别比黄玉米的含量高43.13%和16.30%。玉米所含的脂肪酸多为不饱和脂肪酸，其中亚麻酸、亚油酸等不饱和脂肪酸的含量占总脂肪酸含量的30%。不饱和脂肪酸具有降血压、促进平滑肌收缩、扩展血管、阻碍血小板凝集和防止动脉硬化等功能。玉米中所含的膳食纤维能加速肠部蠕动，现代营养学已将膳食纤维列入人体必需的营养元素，证实在人体中具有重要作用。

黑玉米籽粒中被誉为“生命元素”硒的含量比黄玉米高5.5倍，铁高23.05%，锰高59.66%，铜高4.01%，锌高12.00%。值得一提的是，黑玉米钾、钙的含量是现有谷类的4～6倍。由于其钾含量较高，因此，有助于心血管病患者的辅助食疗。所含水溶性黑色素是黑大米的3倍，长期食用，有乌发养颜，延缓衰老的保健作用。

黑玉米不仅营养价值高，而且适口性好，是黑色食品加工业的一种新型原料。如山西省农科院品种资源所推向市场的黑玉米糊（粥）和真空软包装黑玉米投放市场，取得了诱人的经济效益。黑玉米的加工就国内外而言，在特种玉米中是商品化最高、发展前景极为广阔的一种类型。黑玉米除可直接食用鲜穗外，还可根据不同用途加工成多种黑色食品，以满足消费者的需求。

黑玉米与常规玉米不同，其最终产品和用途不仅仅是粮食作物，而且是一种果蔬、粮兼用的玉米，是目前市场极受欢迎的一种“蔬菜型玉米”；且香、黏、甜、嫩，又被称为“水果型玉米”，既可煮熟后直接食用，又可制成各种风味的罐头和经食品加工，冷冻后四季上市场，在国内外宾馆、酒店的餐桌上十分走俏。因此，发展黑玉米生产对于改善人民生活，丰富食品市场和出口创汇都有重要的意义。

二、黑玉米品种（系）简介

黑玉米一上市就是一个丰富多彩的家庭。现在上市的黑玉米品种有7个，有人称之为黑玉米家族中的“七姐妹”。他们分别是紫香玉、意大利黑玉米、“黑甜16”黑玉米、“太黑1号”黑玉米、“太黑2号”黑玉米、“太黑3号”黑玉米和“吉野黑爆”黑玉米。

（一）紫香玉

紫香玉又称黑珍珠，为糯质型黑玉米。株高130～150厘米，穗位高60～65厘米，主茎叶片数12～15片，雄穗分枝数12～15，春播生育期在北方为130天，在湘中娄底市栽培为96～100天，乳熟期采收嫩玉米北方为113天，湘中为80～85天，果穗圆锥形，籽粒黑色，皮薄，穗长13～15厘米，穗粗3.3～3.5厘米，穗行数12～16行，无秃尖，千粒重180克左右，双穗率98%，叶片上冲，植株紧凑，适宜种植密度为每667平方米4500～5000株。可以作为鲜食玉米和供加工各种黑玉米食品选用。

（二）意大利黑玉米

意大利黑玉米又称黑观音，为糯质型黑玉米。株高150～160厘米，穗位高60～70厘米，主茎叶片数12～15片，雄穗分枝数15～17，在北方春播生育期135天，乳熟期采收嫩玉米115天，叶片上冲，果穗圆锥形，籽粒黑色，皮薄，穗长13～15厘米，穗行数12～16行，穗粗3.5厘米左右，千粒重190克，双穗率100%，植株紧凑，适宜种植密度为667平方米4500～5000株。可以作为鲜食玉米和供加工各种玉米食品选用。

（三）“黑甜16”黑玉米

“黑甜16”黑玉米又称秋黑玫瑰，系甜质型黑玉米。株高160～170厘米，穗位高50～60厘米，主茎叶片数15处，雄穗分枝数12～15，在北方春播生育期110天，乳熟期采收嫩玉米90天，果穗圆桶形，穗行数14～16行，穗长16～18厘米，穗粗4.0～4.3厘米，双穗率80%，适宜种植密度为667平方米3500～4000株。可以作为鲜食玉米和供加工各种黑玉米罐头选用。

（四）“太黑1号”黑玉米

“太黑1号”黑玉米又称黑巨人，系硬粒型黑玉米。株高

200~220厘米，穗位高95~100厘米，主茎叶片数为11~13片，雄穗分枝数25~30，在北方春播生育期为105天，果穗圆桶形，穗长24~26厘米，穗粗3.5~4.0厘米，穗行数10~12行，千粒重255克，双穗率10%，适宜种植密度为667平方米3500~4000株。可以供加工各种黑玉米食品选用。

（五）“太黑2号”黑玉米

“太黑2号”黑玉米又称黑牡丹，系硬粒型黑玉米。株高220~230厘米，穗位高100~105厘米，在北方春播生育期110天，主茎叶片数为13片，雄穗分枝数20，果穗圆桶形，穗长22~24厘米，穗粗4.0~4.5厘米，穗行数14~16行，千粒重320克左右，双穗率35%，适宜种植密度为667平方米3500~4000株。可以供加工各种黑玉米食品选用。

（六）“太黑3号”黑玉米

“太黑3号”黑玉米又称太行黑姑娘，系糯质型黑玉米。籽粒黑色，皮薄，株高160~170厘米，穗位高65~70厘米，主茎叶片数18片，雄穗分枝数为25，在北方春播生育期130天，采收嫩玉米110天，叶片上冲，株型紧凑，果穗圆锥形，穗长15~18厘米，穗粗4.0厘米左右，千粒重210克，无秃尖，双穗率100%，适宜种植密度为667平方米4000~4500株。适宜鲜食，加工成速冻玉米和各种黑玉米食品。

（七）“吉野黑爆”黑玉米

“吉野黑爆”黑玉米为爆裂型黑玉米。株高110~120厘米，穗位高60~65厘米，主茎叶片数12~15片，雄穗分枝数10~12，在北方春播生育期125天，叶片上冲，株型紧凑，果穗圆锥形，穗长13~15厘米，穗粗2.4~2.6厘米，穗行数12~14行，无秃尖，双穗率100%，适宜种植密度为667平方米4500~5000株。可供爆炒玉米花选用。

三、栽培技术

黑玉米在湖南可进行春、夏、秋季栽培，为了提高产量，应讲究栽培技术。

（一）整地施肥

黑玉米有强大的根系，其中70%~80%分布在0~30厘米的土层内，要求深耕30厘米以上，对土层薄、肥力差的土壤，可以进行“大窝塘”耕法或者条耕，使肥土、松土和肥料较为集中，以充分发挥肥效。春黑玉米的耕地，可利用冬闲田土在秋冬进行深耕晒垡，促进土壤风化，提高土壤通透性，第二年春季再平整土地，开沟作畦。畦的大小与沟的深浅与走向需依地形、地势而定，要做到沟沟相连，排灌畅通。

夏秋黑玉米田整地，其耕整质量应与春玉米相同。由于季节紧迫，要抢收抢种，在前作收获的同时，要立即随收、随耕、随耙和随种。也可先耕黑玉米播种行，待黑玉米出苗后再犁耕行间。在山区丘陵和干旱地区，可以免耕和少耕，配合施肥、喷药及化学除草，也可以收到较好的增产效果。

黑玉米需肥较多，从土壤中吸收的矿物质元素多达20余种。主要有氮、磷、钾、硫、钙、镁6种。在施肥技术上应掌握“基肥为主，种肥、追肥为辅；有机肥为主，化肥为辅；早施基肥和磷钾肥，分期施用追肥”的原则。基肥应占总施肥量的60%~70%，每667平方米应施足优质农家肥4000千克，人畜粪水1500千克，加磷肥30千克，钾肥15千克，在深耕整地作畦时施下。

（二）播种

1. 种子处理　在播种前应进行晒种、温汤浸种和药剂拌种等措施进行种子处理，可以明显提高种子生活力，防止病虫危害，达到全苗、壮苗，是争取黑玉米丰收的基础。

（1）晒种　晒种可以促进种子后熟，增强种子内酶的活性，提高发芽能力。一般在晴天连续翻晒2～3天，作用显著。

（2）浸种　浸种可以促进种子吸水和萌发过程，促使早出苗、出齐苗，一般在冷水中浸12～24小时，或在60℃的温水中浸种2小时均可。在土壤较干燥，等雨出苗的情况下不能浸种，以免出芽后又因缺水而干死。

（3）药剂拌种　黑玉米播种时最好以种衣剂拌种，这样既可以防鼠害，又可防多种病虫害。如无种衣剂，可用50%辛硫磷乳剂100毫升，对水5千克，稀释后用喷雾器喷在种上，边喷边拌，喷湿为度，再堆闷2小时，晾干后播种，可有效防治地下害虫和苗期虫害。用占种子量0.5%的硫酸铜拌种，可减轻黑粉病。

2. 适时播种　黑玉米适时早播，不仅能充分利用生长季节，同时有利于提高播种质量，早成熟、早收获，为后作播种争得从容的准备时间。春黑玉米适时早播，能使根系发达，幼苗墩实健壮，在一定程度上可延长营养生长期，有利于积累较多的营养物质。春黑玉米适时早播，可避开干热风引起的“高温逼熟”带来的影响。夏、秋黑玉米适时早播，在山丘冷凉地区可以提早成熟，躲过后期低温危害，从而获得高产。春黑玉米适时早播的时间应在5厘米土温稳定通过10℃～12℃时，于3月下旬到4月上旬，一般湘北可晚5天，山丘冷凉区播种期稍推迟数日，如采用地膜覆盖，可提前5～10天播种。秋黑玉米一般于7月底8月初播种为宜，力争适时早播。夏玉米多在小满至芒种之间播种。

在播时，同一块地要求播期一致，深浅一致，否则会影响苗齐，出现大小苗，影响采收期和采收质量。播种密度在湖南以667平方米5000株左右为宜，早熟品种可密一点，晚熟品种可稀一点。行距：早熟品种30厘米，中熟品种40厘米，晚熟品种 50 厘米；株距：早熟品种 20 厘米，中熟品种 30 厘米，晚熟品种 40 厘米。挖穴点播一般需播有芽种子2 ~3粒，未催芽的 3 ~4 粒。667 平方米用种 1.5 ~2.5 千克，播后用腐熟的猪牛栏粪或沤制好的土杂肥做种肥盖种，以保证出苗均匀整齐。适宜的播种深度为 5 ~6 厘米，盖种 3 ~4 厘米。土质黏重，含水量高，地势较低时，宜浅播，相反，则可适当深播。

3. 培育壮苗　及时间苗、定苗是培育壮苗的有效措施，间苗一般在三叶期进行，同时注意移苗补蔸。间苗过晚，植株拥挤，相互遮光，争夺土壤养分和水分，不利于培育壮苗。小苗、弱苗、病苗、虫苗要及时间去，使田间留苗生长健壮而整齐。5 ~6 片叶时进行定苗。定苗时间一般在第一次中耕除草以后，以免中耕除草伤苗。另外，在虫害较重的田块，可适当推迟定苗时间。间苗、定苗的基本原则是"三叶间苗、五叶定苗、七至九叶挖苗（中耕)"，起蹲苗降秆的作用。

中耕除草可以疏松土壤，提高地温，防止水分蒸发，有利培育壮根，是苗期管理的一项重要措施。中耕不及时，杂草与苗争夺养分，造成养分消耗。中耕一般进行 3 次，第一次在出苗现垄至 3 ~4 叶期进行，结合间苗进行浅中耕；第二次在 4 ~5 叶期进行，结合定苗进行横向中耕，行间株间都要进行深中耕；第三次在拔节前结合追肥进行一次深中耕，并进行培土，以防大风大雨时植株倒伏。拔节以后，营养生长迅速，很快封行，一般不再中耕。

4. 科学追肥　黑玉米追肥应以速效肥为主，分别在苗期、拔节期、开花期进行，根据黑玉米的需肥规律，追施肥料应掌握"前期轻、中间重、后期轻"，"分期追肥、看苗追肥"、"轻施苗肥、重施穗肥" 的原则，在播种后 20 天，第一次除草和定苗以后进行，667 平方米施用 10 千克尿素；第二次在拔节期进行，此期是营养生长进人旺盛期，也是雌雄蕊的分化时期，需肥较多，因此，要重视追肥，每667平方米施用尿素25～30千克，对促根壮秆、增穗、增粒打下物质基础；第三次施肥在开花期，一般要求施用10千克尿素，可明显提高结实率和增加籽粒重。

5. 去脚叶和小分蘖　在出苗20天左右，黑玉米就会出现分蘖，要求及时拔除，使养分集中在主茎上，要结合中耕，多次拔除分蘖和脚叶。

6. 人工辅助授粉　人工辅助授粉可以减少缺粒、秃尖，一般可增产8%～10%。由于雌雄穗开花间隔时间长短不同，加之外界条件的干扰，往往造成黑玉米雌穗受粉不良，而出现秃尖、缺粒现象。为弥补这一损失，提高黑玉米结实率，要采取人工辅助授粉措施。具体做法是：雄穗开花盛期，雌穗大部分已吐丝时，于每天上午9～11时，露水已干，气温尚未升高时进行为宜。其步骤是：先用采粉盘隔行或隔株采集健壮植株上的新鲜花粉，充分混合均匀，倒入授粉器内，逐行逐株在雌穗花丝上轻轻震动，使受粉均匀全面。每隔1～2天授粉一次，共授2～3次即可。

7. 适时灌溉　黑玉米苗期至拔节期，植株小而生长缓慢，叶面蒸腾量较少，对水分的需用量不大，适当少灌水，有利于根系下扎，降低株高，防止倒伏。拔节以后，植株生长迅速，气温升高，叶片蒸腾和土壤蒸发量较大，需要结合追肥进行大量灌水。黑玉米是喜湿作物，在抽穗开花期要保证有足够的水分供应。在灌浆期也要保持一定的土壤湿度。总的原则是：湿润育苗，干旱拔节，足水抽穗，湿润灌浆，干田收获。

8. 病虫害防治　黑玉米的虫害主要有地下害虫，如地老虎、蛴螬、金针虫以及粘虫和玉米螟。地下害虫的防治可用药剂拌种。当秧苗长大到大喇叭口期，易发生黏虫为害，可用甲铵磷或杀螟虫灵颗粒剂，撒入秧苗喇叭口叶心内，除虫效果很好。玉米螟可使黑玉米减产15%~30%，防治办法可在黑玉米吐穗前喷洒杀螟灵，或在吐穗抽丝后用杀螟灵颗粒剂撒在果穗花丝之上，可达到防治效果。

四、采收

黑玉米的采收，有种子的采收、鲜穗的采收和加工籽粒的采收，各种采收的方法均不一样。

（一）种子采收

对于常规的黑玉米品种，种子可以年年留种，为了保持品种的纯正，防止退化，对种子田要求与其他玉米有500米以上的隔离区，最好中间还有高山、树木。如果隔离区解决不了的，也可早播种与迟播种22天以上，使其与其他品种错开花期，否则会产生串花而导致品种变异

黑玉米种子采收，一般是待其叶色变黄，籽粒硬化呈正常色泽，发芽胚呈黑时即为成熟。

黑玉米的种子应年年进行严格的选种工作，不断提纯复壮，才可能保持品种特性，并获丰产。选种工作具体做法可分三个步骤。

1. 株选　黑玉米接近成熟时，在种子田里进行株选，选取健壮、无病虫害、果穗多（2个以上）且成熟期适中的植株，做上标记，收获时，对入选株要单收单放。

2. 穗选　将株选获得的果穗晾晒后进行穗选。入选的标准是：果穗大，穗形端正，色泽纯黑油亮，无杂色，籽粒饱满，无霉烂。

3. 粒选　播种前，将选出的种穗脱籽，进行人工粒选。即挑出小粒、瘪子和籽粒色泽发暗、发黄的病变籽。同时挑出种皮破裂的籽粒。种子应用麻袋、布袋和罐包装贮藏为好。

（二）鲜穗的采收

黑玉米属嫩穗鲜食品种，何时采收，如何贮藏，怎么上市，对于保持其独特品味吸引市场，并获取理想效益关系极大。

1. 采收时间　黑玉米，特别是其中的黑甜玉米，与市场上的其他甜玉米有共同点，乳熟期胚乳糖分很高。尤其是授粉后 18 ~ 19 天胚乳含糖量最高。但此时籽粒成熟度较低且嫩，其他营养物质积累尚少，而授粉后 20 ~ 21 天时含糖量又稍有下降，再往后，一旦种子成熟，甜味、香味又大部分消失，失去了黑玉米的最珍贵价值。所以，确定黑玉米鲜穗上市的最佳采收期，应在授粉后的第20 ~ 24天为宜，即雌穗吐露花丝后 20 ~ 24天为最适采收期。

2. 采收后的处理与冷冻贮藏　黑玉米在生理变化旺盛的乳熟至腊熟期采收，时值高温季节，采收的黑甜玉米耐贮性很差，主要表现游离糖含量减少，淀粉含量增加，从而导致食用品质和加工品质下降。收获后脱去包叶，净穗在室温下放置 10 小时后，糖分损失达 38.2%，淀粉增加 11.4%。收获后全穗若带包叶，在室温下放置 24 小时，糖分损失也达 19.7%，淀粉增加 7.4%。

为了使鲜穗贮存糖分不减少，可将采摘下来的鲜穗立即进行水煮再冻藏。水煮试验表明，经过水煮冻藏 75 天，仍能较好地保持鲜穗的自然风味，贮藏期间含糖量和水分含量变化不大（由于水分略有下降，所以鲜重含糖量略有上升），色泽、香味、甜度无明显变化，色味正常，质量合乎要求。

为了保持鲜穗中糖分不下降，首先在鲜穗收获后，应在最短时间内整理好，然后立即运送到集货场进行预冷处理。

集货场的保鲜措施以预冷处理为主。预冷后在运送到消费地之前，在生产地降低鲜穗的温度，抑制运输过程中的品质下降。冷却方法大致分为真空冷却和通风冷却两种。真空冷却，冷却时间短，但却均匀，冷却时间约需 40 分钟，是最有效的预冷法，但成本高。强制通风冷却成本低，但冷却效果差，冷却黑玉米鲜穗需 10 多个小时。

真空冷却后的黑玉米鲜穗可较好地解决长期贮存，四季上市的问题。这样黑玉米鲜穗避开旺季竞争，冬季、淡季巧上市，巧打时间差，赚巧钱、赚大钱。没有冷库的可与城里的冷冻厂商“租”，以创造条件获取诱人效益。

3. 农家保鲜措施　黑玉米鲜穗上市的保鲜办法很多，一般农家还可采用在播种时间上递次推进，按早、中、晚分期播种，以便鲜穗分期轮番上市。技巧上要主抓“两头”，即要么“早”，早播早收早上市，让期盼“尝新食鲜”的人们为你送钱赚；要么“晚”，晚播晚收晚上市，最大范围内拓展市场空间，增加产品市场占有率，创造理想效益。

（三）成熟籽粒的采收

黑玉米成熟后的籽粒采收，不受时间、季节限制，可以从容生产，从容采收，常规贮藏。一时来不及脱粒，可剥皮后留几片叶两两拴起，挂在通风处的横杆、立杆或墙上、树上晾晒，不可就地长时间堆大堆，以防霉烂坏种，影响品质。

商品黑玉米籽粒主要用于加工黑玉米粉、黑玉米粥、黑玉米面条、黑玉米面包、黑玉米酒、黑玉米醋等。这是一个极其诱人的市场。

五、食用方法

黑玉米除了鲜穗上席，鲜粒炒菜打汤外，还可加工成黑玉米粥、黑玉米片、黑玉米面条、黑玉米保健粉、黑玉米淀粉、黑玉米营养米、黑玉米粉皮、黑玉米粉条、黑玉米饼、黑玉米饮料、黑玉米甜酒、黑玉米罐头等系列食品。还可与其他果蔬搭配烹调成“松白黑玉米”、“腰果黑玉米”、“鸡丝黑玉米”

等各种美不胜收的席上佳肴。将黑玉米鲜穗煮熟成玉米棒，吃起来更有一番风趣。

第二节 甜玉米

甜玉米又名菜玉米、甜包谷和水果包谷。是禾本科玉米属玉米种的一个变种。原产中南美洲高海拔地区，分布广，世界各国都有栽培。美国种植甜玉米已有100多年的历史，20世纪30年代初第一个甜玉米杂交种问世，50年代初发现了超甜玉米，70年代发现了加强甜玉米。我国于20世纪40年代从美国引入，目前我国大陆地区甜玉米的栽植面积不足6700公顷。近年来，全国各大中城市郊区有较大发展，产品供不应求，深受我国人民青睐，已成为菜篮子工程的重要品种之一。

一、营养价值与发展前景

（一）营养价值和食用方法

甜玉米是一种新型蔬菜水果，是风行美国、西欧和全世界的重要蔬菜，食用部分为幼嫩鲜果穗和籽粒。甜玉米风味独特，营养丰富。

甜玉米是由于灌浆期运往穗部的糖分难以转化为淀粉，在籽粒中大量积累，故具有明显的甜味而得名。乳熟期的甜玉米营养极为丰富，蛋白质、脂肪、赖氨酸、色氨酸等含量均高于普通玉米，其中水溶性多糖是普通玉米的2.5～10倍，蛋白质比普通玉米高38.5%；特别是人体内不能合成而又必需的赖氨酸含量比牛奶高3.2倍，与鸡蛋相近。脂肪含量比普通玉米高达1倍以上，而甜玉米的脂肪具有较高的营养价值，其中含有较多的亚油酸、丰富的维生素E、谷维素及谷甾醇，这些物质能降低血清胆固醇，对防治动脉硬化、高血压等心血管疾病有积极作用。甜玉米有益于人体健康，据报道，长期食用甜玉米，可延缓衰老，增强人体抗性，有延年益寿之功效。

此外，甜玉米茎叶含糖量为12%，碳水化合物含量高于30%，蛋白质含量在2%左右，远远高于普通玉米，且柔嫩多汁，香甜适口，为奶牛、奶羊的理想饲料。

（二）市场销售情况及发展前景

甜玉米全世界种植面积约40万公顷，美国种植面积约占世界总种植面积的2/3，是全世界最大的甜玉米生产国，最大的加工制品出口国和消费国，每年生产甜玉米罐头60多万吨。日本种植甜玉米约5.33万公顷，仍不能满足需要，每年要从美国大量进口。加拿大、法国和我国台湾省甜玉米产量在2万~3万吨之间。我国甜玉米种植和加工尚属起步阶段，目前我国甜玉米罐头的年产量在4000吨左右，但我国市场目前每月的平均甜玉米罐头需求量都在1000吨左右，市场缺口较大，出口量很小。目前，国际市场上年产量约在90万吨以上，东南亚国家需求量也逐年上升。进口甜玉米的主要是欧洲诸国和日本、韩国，以及我国的台湾省和香港。日本在1992~1995年间，每年的进口量都在5万吨以上，韩国1995年仅从美国进口量就接近1万吨。

甜玉米是一种新型蔬菜，它全身是宝，综合利用有着广阔的前途，甜玉米不久将成为一种世界性的重要蔬菜。据美国玉米食品制造者协会调查，每天货架上陈列的12000种食品中，有将近1160种食品的成分中含有玉米衍生物，比1962年增长近5倍。

甜玉米除供食用外，甜玉米花粉营养价值极高，富含维生素，还可制作花粉饮料、糕点及护肤保健化妆品。甜玉米花粉量大，采集方便。甜玉米花丝是一味中药，可以利尿。玉米穗轴可作化工原料，并可提取酶。

甜玉米茎叶营养丰富，667 平方米可收获 1~1.5 吨茎叶，可制作青贮饲料喂养奶牛和鱼。

甜玉米国际市场前景广阔，国内市场发展潜力很大，有待进一步研究开发。

二、栽培技术

（一）栽培方式与季节

甜玉米茎秆直立，植株高度差异较大，矮生的株高 1 米以下，生育期 60~80 天，属早熟品种。高的 4~6 米，生育期 110~150 天。甜玉米在湖南可进行春、夏、秋季栽培。早熟品种叶片数 8~9 片，夏播生育期 90 天的叶片数为16~18片，120 天的叶片数为 20 片左右。超甜玉米在湘中娄底市作春播栽培，株高为 2 米，生育期 101 天，叶片数为14~15片。

甜玉米多为露地栽培，由于栽培制度、气候条件和上市时间的不同，有春、夏、秋季栽培之分。在湖南各地，春播可在 4 月上中旬播种，7 月上中旬上市；夏播多在 6 月上旬播种，8~9月上市；秋播可在 7 月下旬至 8 月上旬播种，10 月份开始上市。

（二）品种类型

近年来在生产上推广的甜玉米分为两类：

1. 普通甜玉米型　果穗多为圆筒形，每穗籽粒排列 12~14行，籽粒方形，种皮薄，含糖量较低，可溶性固形物含量为 10%~15%，适合用于加工成粒状和玉米笋罐头销售。

2. 超甜玉米型　果穗长圆锥形，每穗籽粒排列14~16行。籽粒较长，可溶性固形物含量为 15%~17%，高的达 20%，可加工成整条和段状，为熟食和生食的主要类型。在湘中娄底市种植的“9702 超甜玉米”含可溶性固形物16%~17%，平均鲜果穗重 200~280 克，穗长 20 厘米左右，667 平方米产量为750～1000千克（连苞叶）。

（三）隔离种植

甜玉米如果和普通玉米串粉杂交，当代即失去甜味。所以应和普通玉米隔离种植，防止串粉。在种植田块选择时，品种之间要相隔300～500米，防止自然杂交。如果空间隔离有困难，可采取错期播种，即花期错开30天以上，人为造成花期不遇。

（四）整地施肥

甜玉米根系发达，可深入土中90～100厘米以上，吸水吸肥能力较强，有较强的耐旱能力和耐瘠能力，但不耐涝，雨季应注意排除田间积水。甜玉米对土壤的适应性较广，一般土壤均可栽培，为了提高产量与质量，以选择地势平坦，有灌溉条件，土层深厚、疏松，排水良好，富含有机质的砂壤土种植，土壤以中性为宜，过酸过碱对生长均不利。因甜玉米的种子种皮皱缩，胚乳凹陷，顶土能力弱，发芽较普通玉米困难，幼苗细弱。因此要精细整地，除了要深翻30厘米外，还要做到地平土碎。

甜玉米需肥多，对氮、磷、钾的吸收比例为3.1:1.6:2.6，需氮最多，其次是磷、钾。缺氮则生长迟缓，过多或施用不当易造成徒长倒伏。缺磷则生长缓慢，初生茎叶带紫色，后期授粉不良，易秃顶，品质下降。缺钾时抗性减弱，产生秃顶，粒重下降。故甜玉米的施肥应以基肥、有机肥为主，氮、磷、钾配合施用。结合深耕细耙整地，每667平方米应施人优质农家肥3000～4000千克，磷肥30千克，钾肥10～15千克，结合整地翻入土中作基肥。

（五）播种保苗

甜玉米为喜温的蔬菜，土温在12℃～15℃时种子发芽出苗，发芽的温度范围12℃～38℃，出苗后遇到短时间的低温－2℃～3℃就会发生冻害，但仍能恢复生长，－4℃时就冻死。幼苗期白天平均温度不能低于17℃，夜晚不能低于12℃，昼夜平均温度10℃～12℃的低温，就会导致延长生育期。根系生长平均温度17℃～24℃，低于10℃根系停止生长。春季播种期宜在气温、地温稳定在12℃为稳妥，夏、秋季播种应根据土壤的干湿情况，力争早播。

播种时应选用粒大饱满无病虫、发芽率90%以上的种子，播前晒种1～2天，用50%辛硫磷乳剂拌种，防止地下害虫，用占种子量0.5%的硫酸铜拌种，可减轻黑粉病。

平地播种一般可作成高畦播种，畦宽1.1米，每畦两行，株距30厘米，播种行要求直，距离均匀，开沟深浅一致，落粒均匀。播种后要用腐熟过筛的农家肥或肥细土盖种，盖种厚度3～4厘米，每穴播种3～5粒，每667平方米需种子3～4千克。播后用地膜覆盖，增产效果极为显著。合理密植可增产10%～20%，但要因地制宜，早熟矮行品种宜密，中、晚熟高秆品种宜稀；株型紧凑宜密，反之宜稀；肥土宜稀，瘦地宜密。笋用栽培宜密，鲜穗用栽培宜稀。一般笋用栽培每667平方米5000～5500株，鲜穗用栽培每667平方米3500～4000株。

（六）肥水管理

甜玉米追肥以氮肥为主，磷、钾肥为辅，苗肥要轻，拔节肥要稳，结穗肥要重，灌粒肥宜补为原则。在幼苗5～6叶结合定苗施苗肥。每667平方米追肥尿素4～5千克，小苗弱苗多施肥，追肥后及时盖土，如苗期遇到干旱，追肥后要灌水。拔节期需肥量较大，每667平方米追施尿素7.5千克，结合中耕施下，并及时培土。抽穗期需肥量大，每667平方米追施尿素20千克，钾肥10千克，或复合肥30千克，如遇天气干旱，要及时灌水，夏季雨水多时，注意田间排水。

（七）田间管理

1. 中耕除草、除蘖与培土　中耕可疏松土壤，调节土壤温度和水分，消灭杂草，改善土壤通透性。培土可防止倒伏和暴风雨的袭击，在植株封垄前需进行3～4次中耕除草，最后一次中耕除草还要结合培土。甜玉米一般品种为单秆单穗，所以应及时除去基部分蘖，留植株最上部一个雌穗，下部细弱的雌穗一律除去，这样可以提高商品等级。对于单秆多穗品种，应根据品种特性进行选留。

2. 人工辅助授粉，提高结实率　甜玉米生长最适温度为21℃～24℃，开花和籽粒发育要求气温为25℃～27℃。甜玉米开花时要求光照充足，空气相对湿度低。在高温低湿的环境下，花粉易失去发芽能力，故杂交授粉工作应在上午9～11时进行。为了保证商品质量，应人工辅助授粉1～2次，人工辅助授粉的方法详见黑玉米人工辅助授粉方法。

3. 病虫害防治　甜玉米的病害有大斑病、小斑病、锈病等，可用40%的稻瘟净600～800倍防治，或73%百菌清粉剂500～800倍液喷雾防治。苗期有地老虎、蝼蛄、蛴螬等地下害虫为害，造成缺苗断垄，播前可用药剂处理土壤和种子，或667平方米用1～1.5千克2.5%敌百虫粉和切碎的绿肥拌和起来，傍晚撒在玉米行间，诱杀地下害虫。此外，还有玉米螟为害茎叶及果穗，可用2.5%溴氰菊酯（敌杀死）加水2000～3000倍喷杀，或用1.5%辛硫磷做成颗粒剂，直接放入心叶内（即喇叭口）毒杀。在采收前10～25天内，禁止使用农药，以免残留农药，影响人体健康。

（八）适时采收

目前我国种植的甜玉米，主要是食用鲜果穗，只有极少量食用玉米笋（幼穗），但两者均要采收适时。

1. 鲜果穗采收　鲜果穗的采收比较严格，应在充分灌浆，达到乳熟时即可采收，这时籽粒含水量达70%左右，含糖量高，种皮薄，味甜可口，风味最好。采收过迟，籽粒皮厚，可溶性糖转化为淀粉，含糖量也低。一般在玉米吐丝后22～25天，玉米籽粒用手擦有乳汁或花丝变成黑褐色，果穗开始向外倾斜，果穗手握坚实时，即为采收适期。一般春、夏播的授粉后17～21天，秋播的授粉后25天左右采收最好。在甜玉米生产过程中，必须通过试验，找出该品种在本地栽培的鲜果穗最佳采收时期，坚持及时采收。在采收时，一定要连青苞叶一起摘下，采后必须立即上市，不能过夜久藏，以防糖分转化，适口性变差，品质降低。量大时要及时送到加工厂进行水煮速冻和贮藏加工。采收与加工冷冻贮藏均与黑玉米相同。

为了调节市场，做好持续的均衡的供应，可通过分期播种，或通过成熟期不同的品种搭配起来解决。同时进行全年周期播种试验，找出该品种在当地全年适宜播种的时间，以便根据市场的需求数量和生产能力，有计划地安排分期播种的面积，做到计划生产，合理均衡的供应，取得较大的经济收入。

2. 玉米笋采收　笋用玉米采收期比鲜果穗采收期早而严格，一株多穗，多次采收。采收要更精细、认真。一般在雌穗吐丝，长度不超过2～3厘米时采摘为宜。采收应在早上进行，每天寻视检查，选择采收。方法是用小刀沿果穗纵向轻轻剖开苞片，将嫩笋取出，防止折断，并除去花丝。然后按质量要求进行大小分级、装箱，当天送往罐头厂加工，否则容易变色、变质。

三、食用方法与加工

甜玉米鲜果穗上的嫩籽粒可以生食，也可以煮熟成玉米棒食用。其风味清香，极具特色。嫩籽粒还可用油煎以作菜用，煮、炒、烤皆宜。

（一）甜玉米的几种烹饪法

1. 玉米羹　将一根甜玉米脱粒，用打浆机打碎成浆（或用刀斩碎），再把100克精肉斩碎，把浆和肉糜一同放入锅内，加3碗水煮10～15分钟，再将一只鸡蛋打散，加一汤匙生粉，再加水少许，拌匀后倒人汤内，加入盐少许，一滚即起锅，装盆撒少许葱末或香菜。

2. 玉米排骨汤　取甜玉米两根，切成2厘米长的段，再取胡萝卜一根切块，干香菇5朵浸水泡软后去蒂对切，小排骨250克，切成2.5厘米一段，放入锅中，加水半锅，煮15分钟；再加玉米段、胡萝卜和香菇煮约10分钟，加盐调味后即可装盆。

3. 肉丁玉米　取2根甜玉米脱粒，150克瘦猪肉或鸡肉切成小块，加生粉、盐、料酒少许和匀，干香菇3朵泡软去蒂即成小块，辣椒切碎，锅内放入油，烧到八成热时，放入玉米先炒，再放下肉丁炒，然后加入酱油、味精、香菇及辣椒等，旺火块炒后即可装盆。

4. 玉米笋（幼穗）经加工可制成罐头运销海外，亦可作新鲜蔬菜用，切片油煎、调以五味，脆嫩芳香，极为鲜美，故有玉米笋之称。

（二）甜玉米加工

甜玉米的初加工主要以速冻加工和罐头加工为主，随着现代食品加工工艺的进一步完善，甜玉米加工的产品也越来越丰富多样。

1. 甜玉米的速冻加工　是甜玉米初级加工的主要方式之一，主要品种有速冻整穗甜玉米、速冻整粒甜玉米，通过前处理、烫漂、脱粒、速冻等工序制成，而整粒要采用单体速冻。

速冻的甜玉米产品可直接小包装上市出售，亦可作为饭店、超市配菜及其他深加工的大包装原料。

2. 甜玉米罐头加工 可分为整粒甜玉米罐头、整段甜玉米罐头和糊状的甜玉米罐头等不同品种，通过前处理、脱粒、削粒刮浆、调料、装罐密封、杀菌等工序制成。甜玉米罐头产品的保质期较长。

3. 甜玉米脱水加工 通过前处理、脱粒、冷冻干燥等工序制成，是近几年甜玉米新的加工方式。脱水甜玉米粒附加值高，主要用作调料包、汤料包中的原料。

4. 甜玉米汁的加工 将鲜甜玉米经过削粒刮浆及无菌处理，直接制成玉米爽饮品，亦可作为饮料、乳品、面点等产品的原料。

甜玉米的初级加工，为甜玉米的新产品开发提供了充足的原料。通过大力开发甜玉米的深加工产品，如甜玉米馅的水饺、八宝粥、冰淇淋、汤料等，提高了甜玉米产品的附加值，也为甜玉米产业提供了更广阔的发展前景。

第三节 黑大豆

近代医学研究证明，黑豆不仅营养丰富，而且有滋补强身、消炎解痛、黑发明目、延年益寿等功效。自古以来，就有“要长寿，吃黑豆”的说法。近年来，我国南北各地相继加快了“黑色食品”的开发步伐，随之市场上出现了一系列的黑豆制品，有的还打入日本、美国市场。由于目前黑豆生产量较小，市场上黑豆价格昂贵，所以扩大黑豆的种植面积，也是开发丘岗山区、增收致富的门路之一。

湖南各地都有种植黑豆的习惯，而且地方品种很多。据《湖南省旱粮油料品种资源目录》一书记述，湖南各地地方黑豆品种多达150个之多，这为湖南发展黑豆生产提供了品种资源。

一、营养价值与药用功能

黑豆是大豆中的一个特殊品种，营养价值高，保健功能好，蛋白质、脂肪、维生素、微量元素、粗纤维含量丰富。其中蛋白质含量高达38%～40%，相当于肉类的2倍，鸡蛋的3倍，牛奶的12倍，号称植物蛋白之王，符合美国FDA规定的高级蛋白质标准。它易于消化吸收，对满足人体对蛋白质的需要具有重要意义。

黑豆含有19%脂肪，主要是不饱和脂肪酸，吸收率高达95%，除能满足人体对脂肪的需要外，还有降低血液中胆固醇的作用。特别是不饱和脂肪酸在人体中能转化为卵磷脂，是形成脑神经的主要成分，对防止大脑老化迟钝、健脑益智作用很大。

黑豆含有丰富的维生素、蛋黄素、核黄素、黑色素和被称作“生活素”的激素。其中B族维生素和维生素E含量很高。据测定，仅维生素E的含量就相当于肉的7倍以上，对人体的营养保健、防老抗衰、美容养颜、增强精子活力作用是很大的。

黑豆含有丰富的微量元素，其中每百克黑豆含钙370毫克，磷557毫克，铁12毫克。其他如锌、铜、钼、镁、硒、皂甙等含量都很高。这些元素，对保持身体功能完整，延缓机体衰老，降低血液黏滞度，满足大脑对微量物质的需求都是不可缺少的。

由于黑豆有如此丰富的营养成分，近年来，越来越受到人们的推崇。特别是对高血压、心脏病、血管硬化、肾脏病、糖尿病、肥胖病和癌症的预防和食疗大有补益。

黑豆是我国人民的传统食物，也是一味重要的中药。李时珍在《本草纲目》中写道："大豆有黄黑青斑白褐数色，惟黑者入药。"从药用历史来看，亦是悠久的。它始载于我国第一部药学专著《神农本草经》。历代医家经验均认为黑大豆具有补肾强身、防老抗衰之功效，且具有较好的解毒作用。

由于黑大豆营养丰富，又具补肾强身和延年益寿的功能，市场潜力很大，有待进一步开发。

二、栽培技术

在错综复杂的气候条件和地理条件的影响下，大豆在形态特征和生理特性方面不断出现分化，产生形形色色的变异，形成了大豆形态习性上的多样性，黑豆就是其中的一种。

大豆若按种皮可分为黄大豆、青大豆、褐大豆、黑大豆和双色大豆。黑大豆又可细分为黑皮大豆（子叶黄色）和黑皮青瓤（即种皮黑色，子叶绿色）大豆。

黑大豆与黄大豆相比，黑大豆对不良环境的抵抗力强，具有抗旱、耐瘠的特点，多分布在干旱少雨、土地瘠薄地区，我国干旱少雨的西北地区黑大豆比重大。湖南丘岗山地的红壤旱土，土质瘠薄，易遭干旱，极适合黑豆生长，故湖南丘岗山地均有黑大豆分布，且地方品种繁多。黑大豆的栽培技术与普通黄大豆基本一样。

（一）合理轮作与精细整地

大豆不宜连作，因为大豆的根群能分泌一种酸性物质，妨碍大豆的生长发育。同时，大豆连作，常因某些养分供应不上，而出现短苗多，植株矮小，茎秆瘦弱，分枝少，根系发育不良，根瘤少，病虫害严重。因此，在黑大豆生产上，搞好合理轮作、调节养分、培肥地力、减轻杂草和病虫危害等工作，是提高黑大豆产量的重要措施。在丘岗山地，可采取春黑大豆—红薯—油菜，冬小麦—春黑大豆—红薯等轮作方式。

黑大豆根系发达，主根入土深达60~90厘米，侧根横向生长达40~60厘米。黑大豆的根系上面还着生着根瘤，根瘤中有根瘤菌，能大量固定空气中的氮素供黑大豆生长发育。因此根瘤菌生长发育的好坏和活动的强弱，直接影响黑大豆的生长发育和产量。所以播种前的整地工作一定要做到在深耕的基础上耙平耕细，达到土壤细碎平整，上松下实，以利根系的伸展和根瘤的生长，并为蓄水保水创造良好的土壤条件。湖南春播和夏播黑大豆雨水较多，一般均应在前作收获后，耕翻耙地，开沟作畦，平整畦面后再播种。作畦时要做到围沟、腰沟、畦沟“三沟”配套，畦面平整。低洼地注意排水。整地作畦时，特别要扭转“种豆不用肥，只要一把灰”的习惯，种黑大豆一定要下足基肥，不能“白吃豆”。黑豆在整个生育期都需要一定的肥料，每生产100千克黑大豆，需要从土壤中吸收氮5.3~10.1千克、磷1~3.6千克、钾1.3~9.9千克。所以在整地作畦时，对于肥力偏低的旱土，每667平方米要施足农家肥1500~2000千克，磷肥30~40千克，钾肥5~10千克，另拌硼肥60~100克，钼酸铵20~30克作基肥。黑大豆对土壤要求不严，红壤旱土和稻田、砂质土、黏质土均可种植，但以土层深厚、富含有机质和钙质，排水良好，保水力强，土壤酸碱度在pH6.8~7.5生长最好。

（二）适时播种与合理密植

黑豆是喜温作物，在温暖的气候条件下正常生长发育。黑豆的种子吸足所需的水分，当日平均温度在5℃以下时，种子仍呈休眠状态；日平均温度达6℃~7℃时，即可开始萌动，但生长较慢，温度稳定在10℃~11℃时，就能发芽；当表土层温度达到18℃～20℃时，种子发芽最适宜，出苗最迅速。黑大豆幼苗对低温的抵抗力较强，在0.5℃～5℃之间，只有少数幼苗受害，时间过久，则受害加重。苗期最适温度为20℃～22℃。湖南春黑大豆在气温5℃、地温达到10℃以上开始播种，一般以3月下旬至4月上旬为宜，在山区播种可适当推迟到4月中下旬。夏黑大豆播种已是高温季节，一般在5月中旬，秋黑大豆播种在7月下旬为宜。

播种前，一要准备好盖种肥，二要精选种子，选晴天晒种2～3天。播种前，每5千克种子，拌5克钼酸铵，钼酸铵先用少量温水溶解，再与种子拌匀，即可播种。播种时要求畦面无杂草，行株距一致，播种深度3厘米，深浅一致，做到浅播浅盖种，以不露种子为原则，播后用预先准备好的种肥盖种，防止土壤板结，影响出苗。黑大豆多采用穴播，穴距30厘米，行距20厘米；肥土可稍稀，瘦地宜密一点，在红壤旱土上种植，春播667平方米2万～3万株，夏播2万～2.5万株，秋播4万株左右。

（三）田间管理

1. 中耕除草、间苗、定苗　黑大豆出苗后应间去弱苗、密苗、病苗，每穴留双苗，使豆苗分布均匀，并在晴天及时中耕、除草、松土，提高地温，调节水分，促进根系发达。一般中耕3次，第一次通常在齐苗后进行，深约3～4厘米；10～15天后，苗高约10～13厘米，进行第二次中耕，深约5厘米；开花前再进行第三次中耕，后两次中耕应结合进行培土。

2. 及早追肥　如土壤瘠薄，大豆幼苗生长瘦弱，可追施氮素化肥，促使黑豆幼苗生长茁壮。在分枝期到初花期黑大豆植株封垄较为困难，亦应进行追肥，有利护花保荚，增粒增重，争取丰收。追肥可用尿素，667 平方米5 ~7.5千克。追肥时，应将肥料施于距植株 3 ~5 厘米处，并随即进行中耕培土覆盖。

3. 及时抗旱排水　黑豆的开花和结荚鼓粒期，是需水量最多的时期，如果遇到干旱，会增加花荚脱落率，因此，必须及时抗旱灌溉，以补给充足水分。灌水应采用沟灌和畦灌，切勿大水漫灌。若遇连续阴雨天，造成田间积水，需要做好排水工作，减少花荚脱落。

另外，对无限结荚习性，生长繁茂的黑大豆品种，摘心增产效果好。即在开花盛期或末期，摘去主茎顶端 1.5 厘米心芽。有限结荚习性品种，不宜摘心。

4. 病虫害防治　黑大豆在生育期间，前期主要是蚜虫危害，并会引起病毒感染，可用 40% 的氧化乐果乳剂1000 ~1500倍喷杀。花荚期重点防治的病虫害，主要是大豆食心虫、豆荚螟和斜纹夜蛾，可用 2.5% 敌杀死乳剂1000 ~1500倍液，或用 80% 敌敌畏 1000 倍液防治。如遭青霉病危害，可用 50% 多菌灵 5000 倍喷施。

5. 防止鼠害，及时收获　黑大豆鼓粒后期，要注意防止鼠害。当黑大豆叶片大部分正常脱落，豆荚呈品种固有的颜色，手摇植株有轻微响声时，要及时抢晴天收获，防止裂荚、落粒。大豆收割后，堆放 1 ~2 天，再晒干脱粒，进仓收藏。

三、开发利用

黑大豆蛋白质含量居其他豆类之首，素有“营养植物肉”、“优质蛋白质仓库”之美誉。且具活血利水、滋补强身、消炎解毒、乌发明目、延年益寿等功效。宋代文学家苏轼曾在《豆粥》中赞美黑大豆甘美，为皇家贵族之食用珍品。

黑大豆除了入药外，还是上等的食疗补品，可制作成黑豆果茶、黑冰淇、黑豆粉等营养食品和黑豆罐头、黑豆腐、黑素鸡、黑百叶、黑素排骨、黑甜辣块、黑豆豉、黑素肉馅、黑豆酱、黑色干毛豆、黑豆浆、黑色营养保健小食品。

民间也常用黑大豆炖鸡、炖肉，做滋补保健品食用。

第四节 黑芝麻

芝麻，又称脂麻、油麻、胡麻，有黑、白之分，白者多食用，黑者药用。黑芝麻有乌发、美容和抗衰老功效，为我国历代本草所推崇。现代医学研究表明，芝麻含有各种抗衰老的物质，而且黑芝麻又是最理想的补脑食品，其所含脑所需要的营养非常齐全。

近年来，由于人们生活水平的不断提高，对黑芝麻的消费日增。例如广西黑五类食品集团生产的“南方芝麻糊”畅销国内外，成为热门货。致使当前国内芝麻市场基本上处于供不应求的状况，价格攀升的趋势一时难以缓解。白芝麻每千克最高售价 12 ~ 13 元，黑芝麻每千克售价高达14 ~ 15元，芝麻油每千克也在 20 元以上。

芝麻和芝麻油在国际贸易中占有重要的地位，尤其是我国的黑芝麻，由于它具有品质好，食用价值高，用途较广，以及折合油脂率（45%）高等优点，受到国际市场的青睐。我国芝麻以其优势在日本连年畅销不衰，多年来，中国一直是日本食用与榨油用芝麻的供应国，年出口量占日本国内消费的40%左右。但近年来，由于我国芝麻产量下降，国内消费上升，出口货源严重不足，所以发展芝麻生产，特别是黑芝麻生产，有着广大的潜在市场。

一、营养作用与增产潜力

1. 营养作用与药用功能　黑芝麻与白芝麻相比，除了既可食用外，还可入药。据中国农科院油料研究所对4239份芝麻进行检测结果表明，我国芝麻种子平均含油量为53.59%，变幅在28.93%～61.65%，其中一半左右含油量在51%～55%之间。人体对芝麻油的消化利用达98%。芝麻油的化学成分以不饱和脂肪酸为主，不饱和脂肪酸占脂肪酸总量的85%以上，不饱和脂肪酸中，特别是亚油酸占44%左右，亚油酸是人体不能合成而又必需的脂肪酸，它可抑制人体血液中胆固醇的增加，起到预防动脉硬化、糖尿病和肥胖症的作用。此外，芝麻油中含有1.3%～1.6%的芝麻酚精（强氧化稳定剂）和0.4%～1.0%的芝麻明（增效剂），所以抗氧化稳定性突出。

我国芝麻种子蛋白质平均含量22.12%，变幅12.09%～29.28%，其中大多数蛋白质含量在21%～24%之间。芝麻种子是优质蛋白质的来源，芝麻蛋白质是由球蛋白的混合物组成，芝麻种子与花生、大豆相比较，蛋氨酸、苯丙氨酸等氨基酸含量较高。

尤其值得一提的是，芝麻种子特别是黑芝麻种子富含维生素E，每百克中含量高达50毫克，居众多食品之首。每百克中还含叶酸18.5毫克，这些都是延年益寿的基础物质。常食用芝麻，有益于美容、抗衰老和延年益寿，预防和治疗贫血症。芝麻种子中大约还含有5.1%的矿物质，其中以钙的含量最高，每百克中含量高达145毫克，其次是铁，每百克中含量15.8毫克。据测定，含钙量为牛奶的10倍，所以长期食用芝麻及其制品，能增加身体对钙、铁的补充。

芝麻种子提取油分后的饼粕，富含蛋白质、钙、磷和维生素等，可以此为原料制作高蛋白食品，或直接作为植物高蛋白的饲料和有机肥料加以利用。

2. 增产潜力大　芝麻生育期短，是一种好的前茬作物。芝麻收获后，有充分的时间进行翻耕晒白，有利于后作整地、施肥、播种，不存在与前后作物争时、争地的矛盾，为冬作物适时早播提供了有利条件，在油菜移栽地区，芝麻地还可作油菜苗床。

芝麻喜温好光，但不耐渍，易受不良环境和栽培条件的影响，即在不利的环境栽培条件下，芝麻生长发育受到抑制，花、蕾、蒴脱落严重，产量甚低或绝收，到目前为止，芝麻大面积生产的产量仍是低而不稳，全国平均 667 平方米仅为 39 千克。造成产量低而不稳的主要原因，除了自然灾害之外，主要是栽培技术落后，管理粗放，物质投入少。其实，芝麻不是低产作物，只要掌握栽培技术，完全可以高产。目前全国最高产量 667 平方米高达 200 千克。湖南芝麻播种面积经常在 0. 67 万 ~2 万公顷之间，由于受洪涝灾害的影响，湖南芝麻单产变幅很大，高的年份 667 平方米达 45 千克，低的年份 667 平方米仅 15 千克。从全国的一些芝麻高产典型来看，芝麻不是一个低产作物，而是一个增产潜力较大的作物。欲获得芝麻高产，关键在于选用高产抗病、抗逆的优良品种，并了解和掌握该品种特点和生育特性，针对其生育特点特征，实施综合促控的栽培技术措施，夺取芝麻高产。

二、栽培技术

芝麻生育期短，夏芝麻全生育期只有 80 ~ 90 天，秋芝麻 70 ~ 80 天，既可正种，也可与其他作物间套种，或利用房前屋后、田边地角栽种，但种芝麻特别要讲究技术，才能获得高产。据《湖南省旱粮油料品种资源目录》一书记载，湖南各地有黑芝麻地方品种 17 个，为湖南发展黑芝麻生产提供了有利的品种资源。黑芝麻的栽培技术与白芝麻的栽培技术基本一样。

（一）轮作与选地

芝麻忌连作，连作会造成土壤中病原菌长年积累，茎点枯病、枯萎病发生严重。后期叶部病害对芝麻高产也会产生严重威胁，雨涝灾害更能促进病害的传播流行，到目前为止，还没有基因型抗病芝麻品种，所以在芝麻生产中必须进行合理轮作。常见的轮作有小麦—芝麻—小麦—大豆或红薯；小麦—芝麻—小麦—红薯—棉花；小麦或油菜—芝麻—小麦—大豆—小麦—芝麻。芝麻也可以与豆类、红薯、花生间作、混作。

芝麻对土壤水分、土壤质地及土壤酸碱度均较敏感，在种植芝麻时，应选用适宜的土地。

渍、涝害对芝麻生产的威胁极大，尤其在平地，以及地势低洼、排水不良或地下水位过高的土地上种芝麻，往往易受害，造成叶片卷曲、发黄、生长缓慢，严重的则造成芝麻根系腐烂而死亡，造成大幅度减产，甚至绝收。所以，芝麻地应选择地势高燥，地下水位低，排水良好的地块。

芝麻种子小，幼苗弱，顶土力差，而质地轻松、结构松软的土壤，整地播种质量高，幼苗容易出土，便于中耕除草，实现全苗壮苗。过于黏重的土壤，质地紧实，耕性不良，直接影响整地质量，不利于出苗，雨后又容易板结，往往造成缺苗，且宜耕期短，难于及时中耕除草。过于砂质的土壤，地力瘠薄，保水保肥力差，若水肥管理跟不上，芝麻生育不良。所以，种芝麻以选质地轻松，土层深厚，通气透水性较好的砂壤土和轻壤土为好。

土壤的酸碱度（pH 值）直接影响芝麻根系生育。酸性较强的土壤，芝麻生育不良，在碱性很强的土壤中，芝麻不能生长，适宜于芝麻的土壤酸碱度（pH）在5.5～7.5之间。酸性强的红壤旱地在种植2～3年红薯、花生以后，通过施用石灰、草木灰、钙镁磷肥等碱性肥料加以改良，酸度下降后，也可以种芝麻。

芝麻是一种油料作物，它除了需要氮肥外，特别喜欢磷、钾肥，种植芝麻的土壤应是土层深厚，土质松软、肥沃，富含磷、钾和其他营养元素。

另外，河流、湖泊沿岸的淤泥土或冲积土也很适合种芝麻。

若要在质地黏重的土壤上种芝麻，必须重视土壤耕作和多施有机肥，以改良土壤结构。如在砂性重的土壤上种植芝麻，应增施有机肥并分期追肥。

（二）精细整地，施足基肥

芝麻的根系入土较浅，横向分布范围较窄，稠密的根系多集中分布在距土壤表层15厘米以内。所以应深耕25厘米左右，并进行精细整地，做到土碎、草净，并按畦宽2～3米，畦高15～25厘米的种植畦。低地通透性差的土壤，畦面窄些，而高地透水性强的土壤，畦面宽些。做到"三沟"配套，有畦沟、腰沟、围沟，达到小雨田间不渍水，大雨芝麻不受淹。在整地的同时，要施足基肥，一般每667平方米应施足优质农家肥3000～4000千克，磷肥20～30千克，钾肥8～10千克，或草木灰100千克。

（三）播种技术

在黑芝麻播种前，应浸种或用药剂拌种，以杀死黑芝麻种子所带的病菌和预防土壤内的病菌侵染，减轻芝麻病虫害发生。具体方法是：浸种时用50℃～55℃温水浸种10～15分钟，或0.5%硫酸铜水溶液浸种30分钟；拌种时用0.1%～0.3%多菌灵或百菌清粉剂拌种。

黑芝麻和白芝麻均为喜温作物，当土壤温度为16℃～18℃时，种子发芽整齐，但最适宜的发芽温度是24℃～33℃，低于12℃，高于40℃都影响正常发芽。湖南黑芝麻的播种期以立夏至小满为适宜，秋黑芝麻宜在7月上中旬播种。播种方法有点播和条播两种，点播的667平方米12000穴，行距33厘米，穴距16厘米，每穴放4～5粒，每667平方米用种150～200克；条播的行距33厘米，开浅沟播种。播后用腐熟过筛的土杂肥或火土灰盖种。

（四）田间管理

1. 间苗补苗、中耕除草　间苗应根据稀留密，密疏稀，不稀不密留壮苗的原则进行。黑芝麻出苗后长出1～2对真叶时，就要去弱留壮进行间苗和浅松土，出现2～3对真叶时，结合中耕除草，查苗补缺，进行第二次间苗，长出4对真叶时定苗，保证每穴有两株壮苗，并进行浅中耕除草。

2. 合理追肥，科学用水　黑芝麻在整个生育期追肥2～3次，苗高30厘米时，每667平方米施尿素4～5千克，或腐熟人畜粪水1000～1500千克，开始现蕾时，每667平方米施复合肥5千克。盛花期每667平方米施磷肥10～15千克，钾肥7～8千克，或草木灰75千克。还可用0.4%磷酸二氢钾或0.2%硼砂溶液间3～5天天叶面喷施2次，以提高结荚率。土壤水分的管理要做到经常保持土壤湿润，并要做到雨前不中耕，雨后不渍水，土壤保持湿润为度。

3. 适时打顶　黑芝麻与白芝麻都是无限花序，应适时打顶，减少养分消耗，抑制后期无效花。打顶时间在盛花后期至终花期，选晴天进行，打顶长度以打掉主茎顶梢1.5～3厘米为宜，切忌割去主茎绿叶，以保证光合面积。

4. 病虫害防治　黑芝麻与白芝麻苗期均易发生茎点枯病、枯萎病、立枯病等。应通过清沟排水，降低地下水位，促进根系的生长发育。并喷施波尔多液或400倍甲基立枯磷或500倍多菌灵，或用甲基托布津800倍进行防治。虫害以小地老虎、蚜虫、芝麻螟危害最严重，可选用敌敌畏、敌杀死、菊酯乳油、快杀灵等农药进行喷杀。

5. 及时收获　黑芝麻与白芝麻花期均长，下部蒴果即将成熟而上部仍在开花，成熟极不一致，适时收获对防止下部蒴果炸裂落粒十分重要。一般以下部3个果节蒴果微裂时收获较适宜。

芝麻收获方式多采用刈割，在离地面6~10厘米处将植株割下，捆成直径15~18厘米的小束，在晒场棚架晾晒，每三束搭成一个支架，有利暴晒和通风。经4~5天后，大部分蒴果裂开时，即可脱粒，一次脱粒不净，尚需继续晾晒，反复3~4次，即可基本脱粒干净。脱下的种子需晒干、扬净、过筛除去杂质。由于黑芝麻和白芝麻种子含油量高，贮存不当，会使种子发生霉烂变质，使种子内脂肪分解，既影响种子的发芽率，又会降低种子的含油量和使油分变质。因此，进仓前，种子含水量不得超过7%。

黑芝麻与白芝麻都是自花授粉作物，但仍有2%~5%的天然异变率，加上种子小，易造成机械混杂。种用黑芝麻在收获前应进行株选，将具有本品种特征、特性、生长健壮、无病虫害的单株单独收获，混合脱粒，每667平方米需留种0.5千克（50~100株）为宜。

三、开发利用

黑芝麻用途广泛，一为滋补药品；二为营养保健食品的原料；三为调味佳品，小磨麻油清香馥郁，是烹调佐食珍品，人民多嗜之，消耗颇多；四为副食，黑、白芝麻营养丰富，香酥味美，芝麻糖、麻条、麻片香脆可口，为人们喜爱的食品，尤其是湖南益阳、常德一带的芝麻茶、擂茶都需消耗相当数量的芝麻；五为外销，湖南芝麻历来外销美国、荷兰和法国，惟货源不足，出口量极少。

第五节　荞麦与荞麦芽

荞麦又名乌麦、花麦、三角麦，但不是麦，荞麦属蓼科，双子叶植物，与禾本科的单子叶植物小麦不同。荞麦原产我国，它适应性强，耐瘠、耐酸，择地不严，无论高寒山地，丘陵平原，稻田、荒地，均可种植。加上生长期短，仅70～80天，在灾后播种其他作物失收时，而它能充分有效地利用气候资源，填闲补种，抢收一季粮食，对救灾、增收大有好处。特别是遇到洪涝、冰雹或严重干旱等自然灾害之后，其他作物都无法补种时，则可改种荞麦。

长期以来人们认为荞麦是小杂粮，一直得不到重视，在生产上荞麦品种混杂、老化，土薄缺肥，耕作粗放，单产较低，而且不稳定，每667平方米产量低，仅十余千克，高的也不过50千克。其实，荞麦并不是固定的低产作物，只要能科学种田，掌握其栽培技术，最高每667平方米可达300千克。

而今由于科学发达，人民生活水平的提高，人们发现荞麦具有独特的营养和保健功能，国内外对荞麦的需求大增。从国外情况看，荞麦食品极受重视，俄罗斯、日本、美国、法国、加拿大等国都有食荞麦的习惯，而且研究出许多新的荞麦食品，如荞麦营养配餐、强化荞麦营养面包、荞麦快餐粉、多维荞麦食品等。日本仅东京就有荞面馆6000余家。日本自产荞麦已远远不能满足需要，每年需要进口荞麦八九万吨，日本要求我国每年向它提供5万吨，美国也有16个州向我国提出要进口荞麦，而我国却只能满足国际市场的十分之一。由于我国目前荞麦产量不多，市场上几乎没有荞麦出售，而且市场上的荞麦价格要高出大米和小麦许多。国际市场上，荞麦一直供不应求，价格为小麦的3～4倍。

湖南荞麦在20世纪50年代中期到60年代中期，有过较大的发展，平均每年播种面积26万公顷，最多的是1959年，播种面积达46万公顷，667平方米产量19千克。目前播种面积也不过几万公顷而已。因此，在广大农村进行产业结构的调整中，适当发展荞麦生产，并提高其产量，是发展农村经济的门路之一。

一、实用价值

荞麦品质优良，美味可口，用途很广，是一种营养丰富，食用和药用价值很高的粮食作物。籽粒含蛋白质12.86%，脂肪3.18%，淀粉65%～70%，还含有多种营养元素，如钙、磷、铁、镁、钾等，以及丰富的维生素B_1、维生素B_5、维生素B_6。此外，还含有其他作物中所没有的叶绿素和芦丁（维生素P）。荞麦脂肪具有抗氧化物质，长期贮藏其营养价值很少降低，淀粉易糖化，所含淀粉与蛋白质极易被人体消化吸收，被誉为长寿保健食品。在食品工业中，荞麦粉是制巧克力和一些食品的重要原料。荞麦可酿酒，还可制多种糕点食品，如荞酥、荞饼、荞花饼干、荞香果、营养糕、荞麦酥心糖。

荞麦具有较高的药用价值，几乎全身都可入药。中草药中，荞麦称鹿蹄草，具有益气解毒、消水肿、除积滞、降血压等功效。苦荞麦的花、果实、茎秆和叶片都含有丰富的芦丁，其含量达6%～7%，是提取芦丁的重要原料。芦丁是一种苷糖化合物，具有软化血管之功能，能治疗高血压，控制糖尿病，维持眼循环良好，起到保护和提高视力的作用。所含的苦味素，具有清热降火、健胃之功效。苦荞麦中含有20种氨基酸和多种维生素，长期食用，对糖尿病、肥胖症和高血压病人，都具有一定的医疗保健作用，特别对糖尿病有显著疗效，同时还具有清洁牙齿的作用。民间还常用苦荞麦叶捣烂，包敷疗疮肿毒，消肿拔毒，效果较好。由于荞麦具有独特的全天然营养保健和医用价值，被现代营养学家誉为“21世纪最有前途的绿色食品”。特别是苦荞麦中含有的20种氨基酸中的天门冬氨基酸较丰富，天门冬氨基酸具有抑制血癌和肿瘤细胞的作用。苦荞中还含有微量的硒，也具有抗癌和抗衰老的作用。另外，荞麦壳也是人们乐用的枕心原料，具有明目作用。李时珍的“明目枕”，其主要原料就是荞麦壳。

荞麦是很好的蜜源植物，为我国三大蜜源作物之一（油菜、荞麦、紫云英）。荞麦花蜜腺多，开花期长达30~35天。种667平方米荞麦用于养蜂，一季可产蜜4~5千克。

荞麦茎叶柔软多汁，含有35%的碳水化合物，5.5%的蛋白质。茎秆和花、荞麦皮等副产，都是营养丰富的优质饲料。荞麦皮壳及碎粒中，含有大量易消化的蛋白质和脂肪，特别有利于肥育畜禽。喂猪能使猪增加味佳的固态脂肪。喂鸡能提高鸡的肉质和产蛋率，加快小鸡生长，并能增加鸡的抗病力。

二、栽培技术

（一）栽培品种

荞麦适应性很强，分布遍及湖南各地，湖南各地种植的荞麦，大致分为苦荞与甜荞两大类。

1. 苦荞　多种在旱土坡地，早春播种，又称春荞。花柱等长，一年生，果实上有纵沟，由其衍生的地方农家品种很多。株高60～70厘米，分枝多，花色白，无香味，能自花授粉，果实的出粉率高。产量稳定，耐旱、耐瘠、耐寒能力较强，不易倒伏。一般75～80天成熟，产量较高，果实外壳较厚，三棱不明显，果肉略带苦味，营养价值高，药用功能多，是早春最好的备荒救灾作物。

2. 甜荞　又称花荞。其中有无数个农家品种，其花和果实较大，总状花序，花白色、粉白色、粉红色，花柱异长，花柄上有一小节。一般自交不孕，果实为三棱形，褐色、茶色及棕色、黑色，也有银灰色和花色的，表面光滑。果肉略带甜味，品质好，食味美。多种于稻田，分夏、秋播种，故又称伏荞和秋荞。多用于春旱、春涝等灾后补种。秋荞秋季播种，多用于稻田收割后翻田种植。甜荞一般株高75～100厘米，分枝较多，着粒密，出粉率高，耐肥力强，抗旱抗虫力强，耐寒力弱，性喜温湿，生育期70天左右。

（二）轮作

荞麦忌连作，连作病虫多，地力消耗大，湖南历年来有利用春大豆旱土和早、中稻旱田种秋荞的习惯。主要栽培制度有：中稻—荞麦—小麦；中稻—荞麦—绿肥；或中稻—荞麦—油菜等形式。只要栽培得法，一般667平方米产量为80～100千克，高的可达200～250千克。

（三）整地

荞麦根系弱，子叶大，不易出土，所以整地要求达到细碎疏松，耕作层应在20厘米以上。稻田种荞麦应在水稻勾头撒子时就挖沟开圳，排干田水。水稻收获后，待田土过白，再行犁耙。然后灌水一次，待缩水后马上耙碎作畦，畦面宽1.5～2

米，并开沟排水。

(四) 施肥

荞麦生育期短，耐瘠，即便在瘠薄地上也能得到一定的产量，但要获得丰产，仍需要有充足的肥料供应。据试验，每生产100千克荞麦籽粒，需要从土壤中吸收氮3.3千克，磷1.5千克，钾4.5千克。因此，在瘠薄或前作施肥不多的土地上，增施肥料是获得荞麦高产的关键。

荞麦施肥应做到基肥足，早施追肥，适当施用磷、钾肥。如果土地瘠薄或前作施肥不多，必须在播种前施足基肥。基肥每667平方米应施足腐熟的优质有机肥2000~3000千克，钙镁磷肥25千克，草木灰100千克，或钾肥7~10千克，结合整地翻入土内。

盖种肥可用火土灰或煤灰掺拌一些过筛的腐熟有机肥。由于荞麦生育期短，最好一次施足基肥，比苗期、孕蕾期和花期分别追肥好。

(五) 播种

由于荞麦种子成熟不一致，发芽率差异较大，因此在播种前必须进行清选，一般用水选和风选。然后将种子进行温汤浸种和晒种，提高种子发芽率。

湖南春荞的播种期在3月上旬至3月下旬，到6月初收获。而秋荞则在中稻收获后于8月下旬至9月初播种为宜。这是因为荞麦抗寒力弱，秋荞最怕早霜危害，湖南早霜多从11月中旬开始，因此“处暑种荞”能满足荞麦的生育期要求，避免霜害，故农谚有“处暑荞麦白露菜，过了白露不种菜”的说法。荞麦的播种方法有撒播、点播和条播，但以宽行窄株点播为最好，光照充足，分枝增多，下部花能很好地受粉，结实率高。密度为行距36～45厘米，穴距21～24厘米，每667平方米用种为3～4千克，播种宜浅，播后用灰肥盖种。

（六）田间管理

1. 中耕除草、间苗　荞麦播种后最怕渍水，所谓“荞麦不要粪，只要三夜干床困”，说明荞麦喜欢湿润干爽的土壤环境。如果播种后遇上雨天，土壤板结，不仅种子出苗率低，而且幼苗生长差。应及时用齿耙轻轻破碎土块，并及时做好开沟沥水工作。幼苗出第一片真叶时，应进行第一次中耕，结合疏苗、间苗。间苗应根据土壤肥瘦进行，肥田靠分枝多结籽，中肥田靠主茎和分枝结籽，瘦田靠主茎争取分枝结籽。从这原则出发，每穴留苗4～6株，开花前进行第二次中耕，结合培土。这是因为荞麦根系不发达，须根少，不利生育，但基部茎节遇适宜条件可产生不定根，在显蕾初花前、株高20～26厘米时，培土壅蔸，可增加须根量和根长，扩大根系吸收能力和抗旱防倒，提高产量。

2. 追肥灌水　在基肥不足的情况下，间苗后结合中耕，每667平方米追施尿素4～5千克作提苗肥，开花期在晴天用0.5%磷酸二氢钾进行叶面喷施，可防止早衰，增加结实数量和千粒重，有很好的增产作用。荞麦是需水较多的作物，天气干旱时，必须灌水，一般在孕蕾前浅灌一次，开花时进行第二次灌水。

3. 进行人工辅助授粉　一株荞麦上有花300～400朵，多的达千朵，但结实率并不高。主要原因是荞麦的花为两型花，一种花为雄蕊长而花柱短，另一种花为花柱长而雄蕊短，授粉时只有短雄蕊花粉落在短花柱上，或长雄蕊的花粉落在长花柱上，才能良好地受精，反之大大地降低受精率，甚至完全不受精，同一植株上只有一种花型，因此，自花授粉不能结实。在大田栽培条件下，两种花型的植株都有，且数量大致相等，主要靠昆虫和风的振动传粉，但往往授粉不完全，以致产量不稳定。进行人工授粉能大大提高结实率，比未进行人工辅助授粉的增产20%左右。人工辅助授粉应在开花盛期进行，授粉时间以上午8~10时为宜。方法是用竹竿在荞麦顶部轻轻掠过，每天进行一次，连续3~4天。同时，荞麦是重要的蜜源作物。养蜂既可增加收入，又可提高荞麦结实率。

4. 病虫害防治　荞麦病害主要有立枯病、轮纹病、褐斑病、白霉病，可采用粉锈宁1000倍液，或代森锌500倍液防治。虫害有蚜虫、粘虫、地老虎、草地螟等，可用80%的敌敌畏或40%乐果乳剂1000~2000倍液喷杀。

5. 选种　可进行块选，单打、单晒、单藏，以种子浓黑、子粒小而饱满为好。

（七）收获

荞麦的特点是成熟很不一致，早花先实，晚花迟实，基部籽粒已完全成熟，顶部尚在开花。荞麦最适宜的收获期是当全株有1/3的籽粒成熟，呈黑褐色时收获为适期。以10月底到11月上旬收秋荞，6月初收春荞为宜。

霜前收养，宜将收割的植株穗朝里，根朝外地堆码起来，即便遇到霜也只是表层受害，而大部分荞麦不会受损失，并能促进未熟种子后熟，起到增产的作用。堆码荞麦要防止腐烂，以免影响种子的品质和商品价值。

荞麦收获宜在湿度大的清晨到上午11时以前或于阴天进行。割下的植株应就近码放，晴天脱粒、扬净，充分干燥后贮藏。荞麦种子入库的水分不得超过14%~15%。

三、荞麦芽苗菜生产技术

荞麦芽含有多种氨基酸、无机盐及维生素 B_1、维生素 B_2 等，尤其是所含的特有成分芦丁，具有软化血管、降低血脂和胆固醇的功效，对心血管病、高血压、糖尿病等，有较好的防治作用。荞麦芽近年开始投入市场，很受欢迎。

荞麦芽苗的生产材料是荞麦种子，一般的荞麦品种都可以进行生产。但应当选用当年生的籽粒饱满的种子。

荞麦芽苗菜生产的最低温度为16℃，最适宜的温度为20℃～25℃，最高温度为35℃；对湿度要求不严，空气湿度保持在60%～70%即可；对光照适应性强，但强光照易纤维化，所以生产中应避免强光。

荞麦芽苗菜的生产方法很多，以采用育苗盘进行立体栽培最为合算。其要点是：

1. 选种催芽　将好的一年生新种子放入水中淘洗，除去漂浮的杂质和瘪子，用25℃清水浸泡24小时。待种子充分吸水膨胀后，用清水淘洗干净，在育苗盘内铺10厘米厚，上面覆盖麻袋等保湿物，在25℃条件下催芽，每隔8小时用清水喷淋一次，同时翻动（倒盆）。

2. 上盘架摆盘培养　育苗盘可采用市面上出售的家用有孔塑料平底盘，孔径0.2厘米左右，以正方形、长方形为好，盘子可大可小。在育苗盘内铺一层报纸，用温水喷湿后，铺一层露白的种子，其密度以种子不叠种子为宜。每10盘1摞，在最上面覆盖麻袋将盘罩住，以保温保湿催芽，温度保持在25℃，每隔8小时用温水喷淋一次，并将盘上下倒置，待芽长到4厘米但未高出盘面时，即可摆盘上架。继续在25℃条件下，放在暗室或用黑塑料膜罩住遮光培养，每天喷2～4次温水，5～6天后，芽即长到6厘米以上，茎粗为1.5毫米，这时易出现戴帽长芽现象，应及时喷雾，使空气湿度保持在85%左右，以利于长芽脱壳。

3. 荞麦芽苗的采收　在育苗盘内培养10天左右，种芽下胚轴长到10厘米以上，即可见光栽培。当子叶展平，变为绿色，下胚轻呈紫红色，近根部为白色，趁植株还幼嫩时，将荞麦苗拔起，将根从基部剪掉，用清水洗净扎把，或装袋上市，也可连盘上市销售。

另外，也可采用席地生产荞麦芽苗菜。其生产要点是：

1. 选地做苗床　选择平坦地块用砖砌苗床，宽1.5米，视生产规模长度可长可短。在苗床内铺10厘米厚的细沙。用温水浇足底水，盖上塑料薄膜保温保湿，准备播种。

2. 播种育苗　当苗床温度上升到20℃左右时揭开塑料薄膜，趁沙床潮湿时，撒播一层种子，再覆盖1.5厘米厚的沙土，然后再盖上塑料薄膜保温保湿催苗。一般播后一周左右出苗，揭掉塑料薄膜，支上小拱棚并盖上黑色塑料薄膜，遮光培养，当苗长到8～10厘米时，实行自然光照射栽培。当子叶展平，心叶刚出，趁植株幼嫩时采收。

3. 采收　将苗床一端的砖搬开，然后将荞麦苗连根拔出，将根部剪掉，用清水冲洗干净，扎把或装袋上市。扎把时应将茎叶分别对齐，扎把后随即呈现出绿叶、紫茎、白根的鲜丽颜色，散发出荞麦的特有味道，很受消费者欢迎。

四、荞麦的综合利用

荞麦有良好的适口性，荞麦食品不需人工加色，自身的色泽就很有吸引力。在我国很多地方，以及朝鲜、日本、俄罗斯等都很受欢迎。食品和糖果加工业是直接利用荞米和荞麦面粉加工的。

自20世纪80年代后，由于荞麦的营养价值高，药用功能好，已引起各界人士的关注，并开展综合利用。目前，北京市场上早已出现荞麦挂面商品，另外，贵州威宁的荞酥，成为威宁特产，云南昆明和大理的荞麦“中秋月饼”也涌向市场。目前，国内厂家生产荞麦系列产品主要有：复方苦荞粉、甜荞挂面、甜荞酒、苦荞酒、甜荞酱、苦荞醋、荞麦酱油等，其中富有维生素 K 的荞麦酱油和“多饮而不醉”的甜荞酒，在日本各地十分畅销。陕西的荞麦挂面出口到美国，山西的荞麦醋已出口日本、欧美，四川生产的苦荞粉被香港编入《世界名优食品大全》和《中国美食》一书中。昆明宏达制药厂采用云南纯净荞麦花粉、优质田七和上等蜂蜜生产出宏达牌“云南花粉田七”口服液，是集保健、治疗为一体的最新一代药品，投入市场连获国内国际五项大奖。该产品的问世，不仅在治疗高血压、高血脂、动脉硬化、预防和治疗前列腺炎以及老年前列腺肥大症等方面，有独特功效，而且在探索滋补类保健品治疗功能方面，迈出了可靠的一步。特别是我国东南地区，已利用外资，建成了荞麦食品厂，产品主要出口。

目前，美国、日本、俄罗斯、朝鲜等国，在荞麦食品研究方面都创造了许多新品种，如荞麦面配餐、强化荞麦营养面包和蛋糕、荞麦熟食面条、多维荞麦食品。据报道，俄罗斯军队的副食品中就有荞麦。俄军每天副食中早餐食用大麦米稀饭，午餐用甜味汤和荞麦稀饭。俄军的快熟副食米粮由经过加工的荞米、小米制成，15～20 分钟，即可煮成稀饭。

另外，荞麦与其他保健药物配合制成独特的药膳。日本近年用荞麦荞仁配合制成抗癌、抗高血压健身粉。荞花荞叶中芦丁含量多，可提取加入糖果中，制作老人专用的“荞花饴”、“荞花点心”等保健糖果。

日本还公布了一项利用荞麦制作豆乳和豆腐的专利。其加工过程大致如下：

将1千克大豆充分加水浸泡约10小时，得到2.2千克膨润大豆，然后入粉碎机，边加水边磨碎，调成豆汁。再将粒度为100目以上的荞麦粉300克，加10倍水搅和制成糊，与豆汁充分混合并加热，而后过滤，得到豆乳。如想进一步制成豆腐，加入凝固剂，使豆乳依次形成沉淀。倒掉上部清液，将剩余部分压制成型即可。这种豆乳和豆腐无豆腥、豆臭等异味，更重要的是，添加了荞麦粉可补充大豆在加工过程中损失的有益成分，保证了成品的营养价值。

荞叶中含有丰富的蛋白质、芦丁，并具奇特的食味，我国和日本常用荞麦幼嫩茎叶作凉拌菜。

荞麦还可将土壤中难溶解的磷、钾转化为可溶性的，留在土壤中供后作吸收利用，荞麦生长快，还是重要的绿肥作物。

第六节　绿豆与绿豆芽

绿豆，又名绿小豆，是一种豆科经济作物，也是我国古代重要的豆类作物之一。绿豆原产中国，栽培历史已有2000多年。

随着人民生活水平的提高，绿豆制品的增多，人们消费绿豆的水平不断增加，又因国外对绿豆需求量大，绿豆也变为紧俏货，市场供需矛盾十分突出，价格上涨。目前绿豆市场售价最高每千克达6元，远远高于大米的价格。

绿豆全生育期一般为60～80天，生产周期短，投资少，见效快，经济效益好，而且栽培技术简单易行，常作为受自然灾害后的救荒作物利用。由于耕作粗放，种了就收，不加管理，绿豆往往被视为低产作物。其实，只要提高绿豆的栽培管理技术，产量并不低，特别是在一些干旱瘠薄、没有灌溉条件的丘陵山地，种植绿豆的收益，往往比其他需肥大的作物产量还高，一般每667平方米可收绿豆100～150千克，高产的可达250千克左右。

一、实用价值

绿豆是深受人们喜爱的食品，也是多种食品加工的原料。其籽粒中含有极丰富的营养成分，蛋白质含量达21%～25%，比一般谷类籽粒中的蛋白质高出2～3倍，比鱼类及海产还高。而且含有人体需要但又不能自身合成的氨基酸，因而更增加了营养值。可溶性无氮物的含量为54.1%，热量与谷类作物相当。灰分含量为3%，钙、钾、铁与维生素B_1、维生素B_2皆比玉米高。含水分15%、脂肪1.6%、纤维4.5%，而且易煮烂、易消化，又无胀气性，是老人小孩和病后处于恢复期的人们最喜爱的高贵素食。更值得一提的是，绿豆还是一类难得的高钾、高镁、低钠食品，每百克含钾1230～1780毫克，镁100.1～193.8毫克，而钠仅为0～2.6毫克。这在营养治疗上大有用武之地。例如我国广大农村，特别是在生活条件差的工地上，常常流行低钾血症，轻则四肢酸软，劳力减退，重则瘫痪。主要病因是饮食中缺钾、缺镁而造成。在所有的食物中，含如此大量的钾和镁的食物是不多见的，每百克猪肉中含钾仅60毫克，镁4毫克。另外，还常用绿豆做糕点、面食品、粉丝、粉皮、粉条、人造肉，深受消费者欢迎。如用绿豆为原料的山东龙口粉丝，是畅销50多个国家和地区的精美素食，具有入水即软、久煮不化、爽滑可口、柔韧耐嚼等特点，在国际市场上被誉为“粉丝之王”。四川用绿豆为原料制作的“泸州大曲”、安徽用绿豆为原料制作的“明绿液”等各种酒，醇香可口。绿豆芽富含维生素C，是不受季节限制的、周年上市的人们喜爱的蔬菜。又由于绿豆籽粒有清凉、解毒、利尿、明目的作用，故夏季常用于作清凉解暑的饮料，如绿豆汤、绿豆冰棒、绿豆粥等，均是夏季最受欢迎的饮料。

绿豆的茎、叶内含蛋白质、维生素也很丰富，是家畜最好的饲料。直接翻入土中也可作肥料。由于绿豆生长期短，它是极好的填闲补种救灾作物。特别是现在，广大农村为了发展商品生产，进行产业结构的调整，发展绿豆生产，仍不失是一项增加收入的门路。

二、栽培技术

绿豆虽然生长期短，适应性强，栽培容易，但要获得高产，仍然是一件不容易的事，需要掌握一套高产的栽培技术。

（一）轮作与间套作

绿豆是喜温作物，不耐低温，易受霜害，在生长期高温，后期冷凉干燥最佳。8℃～10℃开始发芽，生长最适的温度为25℃～30℃，最高温度35℃～40℃。在8℃～40℃之间，温度愈高，生育期愈短，反之生育期愈长。全生育期60～80天，早熟品种仅55～65天。开花期间低于20℃，或高于33℃就会落花落荚。绿豆对日照长短要求不严，故适应播种期长，湖南在3月至8月上旬随时可以播种，在一年内无霜期间随时都能种。加之绿豆根系发达，为深根作物，能耐酸、耐旱、耐瘠，对土壤要求不严。由于绿豆有早熟和播种期不受限制的特点，加之绿豆的根瘤菌有较强的固氮能力，在良好的栽培管理下，所固定的氮素除自身利用外，还能增加土壤中的氮素。还有大量的残根落叶，能增加土壤有机质，改善土壤结构，提高土壤肥力，对后作有利。所以，不论南方和北方，也不论平地与山岗，常用绿豆和其他作物轮作、间作和套种，以增加复种指数，提高土地利用率，增加经济收入。绿豆又常作为受自然灾害后的救荒作物栽培利用。间作套种的方式有绿豆和玉米、高粱间作套种；绿豆与红薯间作套种；以及棉花和绿豆套种。除此之外，也有种绿豆作饲料或压青作为后作绿肥栽培的。

（二）选用良种

生育期短的早熟、高产、优良种的纯度高，而且单株荚粒数相当于目前混杂退化的农家品种的2~3倍，所以选用良种是获得高产的牢固基础。我国绿豆生产主要采用农家（地方）品种，近20年来，一些科研单位也选育出若干优良品种。

1. 郑州427　为河南省农林科学院育成。生育期55~60天，早熟品种，株高55~65厘米，667平方米产量100~150千克。

2. 郑州423　为河南省农林科学院育成。生育期65天，早熟品种，株高60厘米左右，667平方米产量为125~150千克。

3. 高阳小绿豆　为河北省高阳县农家品种，生育期70~75天，株高50~80厘米，适应性强，耐干旱和耐瘠薄，667平方米产量为100~150千克。

4. 房山绿豆　是北京房山区农家品种。夏播生育期60天，早熟，株高约50厘米，耐干旱，667平方米产量为100千克。

5. 忻州羊角绿豆　是山西省忻州地方品种。生育期约110天，株高65厘米。

6. 鄂绿1号　为湖北省农科院育成。生育期约70天，株高80厘米。

7. 中绿1号　为中国农科院品种资源研究所从国外引进的优良品种。生育期约70天，如条件适宜，可延长到120天以上，株高约60厘米，667平方米产量为100~150千克。该品种在湖南已有种植。

各地还有不少地方优良品种，只有在地方品种中，通过株选，加快繁殖种子，这才是较快地获得良种的有效途径。

（三）整地施肥

绿豆对土壤要求不严格，在微酸性和微碱性土壤中均能生长良好，对绿豆最好的土壤是中性和弱碱性，土层深厚，富含有机质，排水良好而保水力又好的土壤。绿豆为深根作物，子叶较肥大，顶土力弱，因此，对整地要求较严。需要深耕25~28厘米，做到细耙细整，做到上虚下实，深浅一致，地平土碎。若整地不细，会造成种子盖土不好，深浅不一，影响全苗，土壤透气性不好，也不利于根瘤菌的发育和其他土壤微生物的活动。在平地成片单种，应在整平的基础上，作畦开沟，畦面宽2.3~2.5米，畦沟宽28~33厘米，沟深23~28厘米。做到沟沟畅通，明水能排，暗水能泄。这不仅对预防病害十分有效，而且还能培养壮苗，促使根系发育，提高抗病虫害的能力。间套绿豆时，要加强间套作物的中耕管理，为绿豆播种创造良好土壤条件。小麦收获后种绿豆要及时整地和播种。对耕层浅的地要深耕25厘米，加深活土层，并增施有机肥，使其适合绿豆根深发展的需求。

将绿豆种在土层薄、肥力差的地上的作法是错误的，认为种绿豆不必施肥的观点更是错误的。施肥试验表明，不论是施有机肥或复合肥（化肥），均有明显的增产效果。通常每生产100千克绿豆，需要吸收氮9.68千克、磷0.93千克、钾3.51千克，还需要钙、镁、钼等元素。各种元素中，除氮可由根瘤菌供给一部分外，其余均要由土壤中吸取，单靠土壤本身供给是不够的，因此，必须进行施肥才能获得高产。给绿豆施肥，也应当以有机肥为主，化肥为辅。基肥在整地时施下，一般667平方米施农家肥1500~2500千克，也可在播种时施于播种沟内，追肥应当根据土壤肥力和植株生长情况施用。开花初期，667 平方米可开沟条施尿素 5 千克，钙镁磷肥 20～25 千克，钾肥 10～12 千克。结荚期可叶面喷施 0.4% 磷酸二氢钾液，667 平方米喷 50～100 千克。

(四) 播种技术

1. 晒种与选种　在播种前应将种子摊于席上晒 1～2 天，晒时要经常翻动，晒种可增强种子活力和发芽势，使幼苗健壮。但不要在水泥地面或金属容器内晒种，以免高温灼伤种子。清选种子有风选和水选两种方法。风选时可用风车、簸箕，将小粒、秕粒、虫蚀粒、杂质清除，留下饱满干净的籽粒作种子。水选是利用种子与水的比重不同的原理，在播种前的晴天，用清水漂选，除去浮在水上面的秕粒和各种杂质，将沉在水下面的饱满种子捞出，摊开晒干供播种用。

2. 播种　搞好播种，保证全苗，是绿豆高产的重要基础，应认真做好。

(1) 播种时间　绿豆发芽最低温度为 12℃～14℃，温度为 15℃～17℃时可以播种，湖南的播种期在 3 月中旬到 8 月上旬，可根据当地栽培制度、气候条件和品种特性来确定适宜的播种时间。

(2) 播种方法　绿豆播种有三种方法，即条播、穴播和撒播。如果是成片单种，以条播为好，可以做到播种均匀，深浅一致，出苗整齐，便于施肥和控制密度，也便于中耕和灌排等田间管理，条播行距用 40～50 厘米。绿豆与其他作物间作、套种和零星种植，多用穴播，每穴播 3～4 粒种子，行距 60 厘米，穴距 15 厘米，幼苗拥挤时要及时疏苗和定苗。绿豆作绿肥和饲料用时，多用撒播，这是最粗放的播种法。

(3) 播种量　播种量的多少，主要由当地气候条件、土壤肥力、品种特性和用途而定。绿豆籽粒单种时，667 平方米播种1.2～1.5千克，可出苗2.2万～2.9万，约为667平方米保苗数的3倍。播种量过多，幼苗拥挤，形成弱苗，播量过少，会发生缺苗断垄。种作绿肥和饲料时，播种量可适当增加。

（4）播种深度　播种深度对出苗影响很大。土壤疏松，水分较少时，宜稍深，以4～5厘米为好。一般在重黏土壤和水分多时，播种宜浅，以3～4厘米为好。气温高，雨水多时应浅播，气温低，水分少时应稍深为好。播种后，用腐熟过筛的农家肥或火土灰拌少量钙镁磷肥盖种。

（5）合理密植　合理密植的目的是协调好单位面积上的株数、单株荚数、荚粒数和粒重的关系，进而达到高产。即肥土应适当稀播一点，差土瘦土要密一些。另外，绿豆植株生长习性即株型（直立、半蔓生、蔓生）也关系到密度。通常直立型品种667平方米留苗8000～15000株，半蔓生品种667平方米留苗6000～12000株，蔓生品种667平方米留苗6000～10000株。可根据各地的实际情况，决定合理密植。

（五）田间管理

1. 及时间苗、补苗、定苗　绿豆为子叶出土，出苗比较困难，有时发生缺苗断垄现象，因此，绿豆的播种量常常大于留苗数1～2倍。间苗、定苗可以避免幼苗互相拥挤、争夺养分，使幼苗有适当的空间，生长健壮。定苗时要留壮去弱，去病苗，对缺苗断垄处要及时补苗。间苗是在苗全后第一片复叶长出，苗高4～5厘米时进行。留苗的株距是定苗后株距的一半。间苗可结合中耕松土。第二次中耕结合定苗进行，定苗时要留单株，不能留双苗和丛集苗。

2. 及时追肥　绿豆生育期短，应早施追肥。在施足基肥的基础上，苗期可结合中耕施一次速效肥。667平方米施人畜粪水 1500 千克。或尿素 3 ~ 4 千克促苗。开花结荚期需肥较多，如果前期缺肥，开花前 667 平方米施尿素 7.5 千克，确保养分供应，减少花荚脱落。但对于施有基肥，植株生长健壮，表现不旺不衰的田地，不用追施速效化肥，一般可用 0.4% 磷酸二氢钾和 1% 尿素混合液喷施1 ~2次，以快速补充养分供花荚形成之用。

3. 及时排灌　绿豆苗期需水较少，较耐旱、怕涝渍，如雨水多，要注意排水防渍。开花结荚期需水量较大，对水分特别敏感，稍有不足，便会引起花荚脱落。此期若遇干旱，应及时浇水，以满足植株对水分的迫切需求。另一方面，绿豆耐涝性差，怕水渍。花荚期雨水过多，田间积水也易引起花荚大量脱落。因此，应注意及时排水防渍。

4. 病虫害防治　绿豆幼苗期有地老虎危害。可用 50% 辛硫磷乳剂拌种，用量为种子的 0.2% ~0.3%，拌后堆闷 4 ~8 小时。也可用 50% 辛硫磷乳剂 667 平方米100 ~150克，加细土 20 ~25 千克，均匀撒施全田，随撒随耙入土中。中期有蚜虫、红蜘蛛危害，667 平方米用 5% 西维因粉剂或 2% 扑灭威粉剂喷粉，667 平方米 1.5 ~2 千克，或用 50% 抗蚜威粉剂 6 ~8 克，对水 30 ~60 千克，喷雾防治蚜虫。花荚期有豆荚螟和豆象危害，可用 50% 杀螟松 1000 倍液，667 平方米用药量 75 千克，于卵孵化盛期前喷药于豆荚上，毒杀成虫及幼虫。在初花期可喷洒 4000 倍敌杀死效果亦好。

三、收获和贮藏

绿豆是一边开花，一边结荚，一边成熟。往往是下部的荚已经成熟，上部的花还在开花。因此绿豆的收获都是采取多次摘荚的方法，当荚一变黑就立即收摘，直立型的绿豆一般采摘荚 3 ~4 次，每次约间隔 5 ~7 天。摘荚时间以上午露水未干以前较好，以免炸荚落粒。收摘的荚果要及时摊开晒干，晒干后立即脱粒保存。

收获的绿豆脱粒晒干后（含水量在11%~12%），应马上用磷化铝或氯化苦密闭熏蒸，防治绿豆象。磷化铝的用量为每立方米7~9克（按说明书）。室温在20℃以上时熏蒸2~3天；20℃以下时熏蒸3~5天。氯化苦的用量为每立方米30~40克（按说明书），时间一样，不影响发芽率，熏蒸后启封，通风2天，1~2周后才能食用。

四、豆芽菜的生产

绿豆芽，是我国的特产蔬菜，质地脆嫩，营养丰富。近年来随着人民生活水平的不断提高，豆芽菜作为一种无污染、营养丰富的优质、保健的高档蔬菜，备受青睐。豆芽菜生产周期短，很少感染病虫害，种植时不使用农药、化肥，无污染，品质鲜嫩，清洁，容易达到绿色蔬菜标准，生产工艺简单、易学，生产效率和经济效益又很高，因此，生产豆芽菜不失为一项投资少，见效快的致富好项目。

豆芽菜的生产方法很多，以采用育苗盘进行立体栽培方法最为合算。

采用育苗盘生产豆芽菜生产场地不限，可以在地窖和室内进行家庭化生产，在室内可采用高2米5~6层，每层架距30厘米的竹木架，进行多层立体栽培。

育苗盘可采用市售日常家用有孔塑料正方形或长方形的平底盘，可大可小，以长27厘米，宽17厘米，高6厘米，孔径为0.15~0.2厘米的塑料盘为好。这种盘子生产出来的豆芽菜，可以连盘一起出售，适合4~5口之家一餐之用。生产要点是:

1. 选种浸种　将种子用清水淘洗，除去水面的瘪粒、破粒和虫粒。经过预选的种子，用60℃的热水浸泡1～2分钟，搅拌1～2次，进行种子消毒，然后加清水浸种24小时，早春和晚秋用20℃～50℃的温水，夏季直接用冷水，浸种期间换水两次。夏季浸种24小时后，种子已发芽，早春和晚秋则可置于22℃～25℃恒温处催芽。种子出芽后，即可在盘内播种。

2. 播种上架　将用石灰水消毒后的塑料盘在盘底铺1～2层白色草纸或报纸，并使纸张吸足水。然后把发芽的绿豆种子撒播在湿纸上，其密度以种子不重叠为度。然后将苗盘上架，整齐地叠在一起，置于暗室中，或用黑色塑料薄膜覆盖在架上，或放在窖内，进行遮光培育。

3. 管理　播种上架后，每隔8小时用洒水壶洒水一次，温度高时可增加次数，以降低温度；温度低时，可用温水淋湿。

4. 收获　绿豆芽在4月上盘后，经过7～8天的培育，苗高6～10厘米时即可出售。6～8月份后，3～4天，苗高就达6～10厘米，即可带盘上市。

如果在育苗盘内分别各做一个“福”、“禄”、“寿”、“喜”的框架。使豆芽形成一个天然巧成的“福”芽、“禄”芽、“寿”芽和“喜”芽，更显示出产品的文化氛围，消费者亦愿意出高价购买，以图吉祥。

第七节　凉粉果

湖南丘陵、山区，以及我国南方各地，每到夏季，有一种群众很喜欢自行制作的奇特消暑饮品——凉粉。这种凉粉晶莹透亮，吃时一瓢一瓢地舀到碗里，浇上醋和熬过的红蔗糖水，其味甜酸清凉，嫩滑爽口。

这种凉粉果是依附于大树和老墙上生长的桑科薜荔树藤上的果实加工而成。可是近数10年来，很多地方的大树、古树已被砍光，另外，由于广大农村的老屋旧墙均已拆除，而改建成新楼房，这种桑科的凉粉果已失去了生存条件，而几乎绝迹。然而大自然对人们的照顾却无微不至，人们又重新开发出一种茄科植物的凉粉果，同样也能制作出一模一样的凉粉来。目前，这种茄科的凉粉果在湖南消费颇大，但湖南很少种植，主要从云南、贵州等省调进，市场上每千克售价高达 10 元。其实，这种茄科植物的凉粉果，极适合在湖南各地的田边地角等空闲隙地种植。

一、栽培技术

（一）栽培特性

茄科植物凉粉果为一年生草本植物，在湘中娄底市种植，于4 月初清明边露地播种育苗，5 月上旬移栽，6 月初开始开花，6 月下旬果实陆续成熟。由于7 月下旬和 8 月上旬的高温干旱，此时所开的花均为不实的空壳，故 8 月中旬以后的果都是不实果。这时植株也逐渐枯萎死亡。凉粉果在湖南可进行春、夏、秋季栽培，全国各地均可种植。

凉粉果株高 2 ~2.5 米，茎为四棱形，生长好的植株基部茎的直径粗达 3.2 厘米，一般为 1.5 ~2 厘米。树冠为伞状，冠径 0.5 ~2 米。叶片为长条形，如芝麻叶，边缘有锯齿 2 ~3 个，最大叶片长 26 厘米，宽 13 厘米，一般长为 18 厘米，宽 10 厘米。花为无限花序，花冠5 瓣，为天蓝色的喇叭花，花冠直径约为 3.5 厘米，花长 3 厘米。加上树形美观，还可作观赏植物栽培。果为橙色，圆 球形，果径 1 ~2 厘米，果蒂有 5 片托叶包围，在第一分枝的每一个叶节上都结一个果，叶节长 5 ~10厘米，在第一分枝的每一个叶节上，又长出第二分枝，第二分枝的每个叶节上又能结果。种子的千粒重为 0.7 克，每个果有种子 600 ~800 粒，重约为0.4 ~0.6克。种子为扁圆形，粒径为0.15厘米，厚为0.05厘米，生长好的单株，每株可结果200～400个，或稍多一些，667平方米产种子150～250千克，或更多一点。收入可观。

由于茄科凉粉果是从野生引为家种，表现适应性强，不择土质，耐贫瘠，在红壤旱土上能正常生长，而且病虫害少，容易栽培。

（二）育苗

苗床地应选择排灌方便，土层深厚、肥沃的沙质壤土，起畦作苗床。起畦前要施足腐熟的农家肥作基肥，然后深翻耙平整细，整成龟背式，畦宽1.2～1.5米，用多菌灵药液进行土壤消毒，并稍加平整，泼上适量稀粪水。畦面风干后即可播种，湖南春播可在3月下旬到4月上旬，夏播在6月下旬，秋播可在7月下旬。种667平方米凉粉果约需种子55克，可播苗床10平方米左右。播种时先用细沙土或煤灰与种子拌匀，然后均匀撒播。播后用过筛的腐熟农家肥盖种，以盖没种子为度，不可厚盖。春播育苗可用薄膜覆盖，提高苗床温度，出苗后搭小拱棚保温、保湿，一般白天控制在20℃～25℃，晚上15℃。若温度高则应通风降温，苗床应保持湿润，以利幼苗生长。苗高10厘米时，控水、蹲苗，苗高15厘米时，揭膜炼苗，以提高抗逆性能。炼苗几天后，进行假植，以增加次生根，矮化幼苗，提高移栽成活率。夏、秋育苗，可用稻草覆盖遮荫保湿，出苗后除去稻草，以促进幼苗生长。夏、秋时节，正值高温干旱，育苗时应注意及时淋水保湿。有条件的地方，用遮阳网育苗，效果更佳。当苗高15厘米以上时，就可出圃移苗定植。

（三）移栽

凉粉果适应性强，除低洼湿地外，不择土质，可选择排水良好的地块，深翻30厘米，结合深翻，667平方米施足农家肥

2000～3000千克、尿素15千克、磷肥20千克、钾肥10千克作基肥。然后整平、整细作畦，畦面宽1.2～1.5米，种两行。选晴天下午移栽。差土按行距50～60厘米，株距33厘米挖穴，将假植苗带土移栽穴中，每穴栽一株。栽时要注意根要舒展，栽后稍压实，浇上稀粪水。如果土质肥沃，则可稀植，行距可放宽到60～80厘米，株距50厘米。

（四）管理

幼苗移栽到大田后5～7天，可追施一次粪水，或尿素5千克，以助苗长；花期以磷、钾肥为主，以促果实膨大，提高坐果率。幼苗期间，易杂草滋生，要浅中耕2～3次，以防草荒苗。由于凉粉果树冠大，生长繁茂，当苗高1米时，还应高培土，以防大风雨时倒伏。对倒伏的植株，应及时扶正培土，或插上竹竿或树木枝条扶正。到6、7月份干旱时，还须及时抗旱淋水。凉粉果病虫害极少，一般不用喷洒农药，若有病虫发生，可用多菌灵1500倍液喷洒，蚜虫可用40%乐果乳剂1500倍喷杀。但不能使用剧毒农药。

（五）采收

凉粉果是无限花序，开花、结果、果熟是同时进行的。凉粉果属干果，应待果实变干时进行分批采收，切勿采收嫩果，否则会影响出粉率，降低质量。当果实呈老黄色，果籽成烟色时，即可分批采收。成熟的果实采收后，应立即摊开晒干，搓出籽粒，风净去杂，贮存备用或上市出售。切不可将采摘下来的果实堆在一起，几天不晒，而造成种子霉变。

二、凉粉的加工技术

凉粉果种子的外壳上有一层可溶性的胶质，这些胶质遇水即溶，而成溶胶。当这些溶胶碰上钙离子时，便凝成凝胶，也就是我们所要制成的凉粉。凉粉的制作步骤是：

1. 浸泡　在浸泡凉粉果籽粒前，所用工具和加工者的双手，都要洗净消毒，然后将干净的凉粉果籽装入布袋，扎紧袋口，放入凉开水中浸泡 5～10 分钟，使凉粉果籽吸足水分。

2. 揉搓　将袋装浸泡好的凉粉果籽粒置于盛有凉开水的盆中，一般 50 克凉粉果籽，放入 2.5～3.5 千克凉开水，双手不停地揉搓，这时会从布袋内溢出大量胶状汁液，把汁液与水搅拌均匀，继续揉搓再搅匀，反复揉搓 10 分钟后，布袋内溢出的胶状汁液少了，就可停止揉搓。

3. 成凉粉　将澄清的石灰水（50 克凉粉果籽需配制生石灰 25 克，将其溶于半碗水中，自然澄清后备用），缓缓倒入盛有凉粉果籽揉搓出来的汁液的盆中，一边倒一边用竹筷不停地搅动汁液，几分钟后，汁液凝成鱼卵一样的形状时，便可停止添加石灰水，并不再搅动。静置 10～20 分钟，汁液就凝成透明白色的凉粉。符合标准的凉粉应是白色或淡黄色，透明无杂质、无碱味。

4. 食用方法　食用时，将凉粉盛入碗中，加适量的红糖水或白糖水，以及少量的醋，将凉粉用小竹片拌碎，便成了甜酸可口、清凉细滑的凉粉，即可食用。一般 50 克凉粉果籽粒可制凉粉 2.5 千克。

经过揉搓制出凉粉后的种子，取出晒干后，仍可作种子用，不影响发芽率。

第二章 特种蔬菜

第一节 佛手瓜和龙须菜

佛手瓜又叫无心瓜、拳头瓜、合掌瓜、洋丝瓜和越南瓜。属葫芦科，佛手瓜属，为多年生攀缘性宿根草本植物。佛手瓜实心无子，形状如手而得名。其构造与一般瓜类不同，它只有一颗肉质的种子——光胚，而且不与果实分离。当瓜成熟时，或催芽育苗时，光胚便从瓜脐中长出一个芽来繁殖成植株。生长繁茂的佛手瓜主茎蔓长达 15 米以上，一株瓜蔓可爬满 60 ~ 120 平方米的棚架面，结瓜 300 ~ 500 个，或更多一些，单瓜重 300 ~ 500 克，大的可达 600 余克。在庭院种植，既可观赏、遮荫绿化，又可采果食用。佛手瓜吃时无须削皮剔子，可食率达百分之百，又因病虫害少，不要使用农药，是一种无污染的保健蔬菜。而且栽培简单，产量高，投入低，效益好，加上又耐贮存，可贮存 5 个月而不坏，且味道如初，是冬春佳蔬，被誉为“罐头蔬菜”。

佛手瓜原产美洲，19 世纪传入中国，仅在沿海少数地方种植，没有推广。世界各国都有栽培。现在我国长江以南诸省都有分布，且为多年生。1970 年，山东省烟台市从福建省引进了佛手瓜，并大面积推广，1991 年被列为国家名特优基地项目。20 世纪 90 年代，佛手瓜又“过黄河”、“渡渤海”，在北方安家落户，借助于日光温室和保护地生产的发展，使佛手瓜的栽培向更高纬度发展，如北京、天津、辽宁、山西均有栽培。

一、营养价值

佛手瓜营养丰富，是人们最喜爱的蔬菜之一。据分析，佛手瓜含有较多的营养成分，如维生素 B_1、维生素 B_2、维生素 C 及胡萝卜素等，矿物质钙、钾、铁、磷、锌等。据测定，佛手瓜果实内含有 17 种人体必需的氨基酸，如赖氨酸、组氨酸、天冬氨酸和甘氨酸等。

从营养学角度来看，佛手瓜含有较多的维生素、微量元素和蛋白质，特别是“两低一高”（即含热量低、含钠量低、含钾量高）这一特点，是一般食物所不能同时具备的。钾是人体细胞活动的主角，是对高血压有抑制作用的元素，高血压患者常食用含钾食物，能利尿排钠，扩张血管，降低血压。低热量能防止肥胖。因此，佛手瓜不仅是无公害蔬菜，而且是很好的保健蔬菜。

佛手瓜的另一难得可贵之处，是含有锌元素，这是众多蔬菜所不能比的。锌对人体的作用，现已普遍被人们所重视，诸如对儿童的智力发育、男女不育症，尤其是男性功能衰退疗效明显。另据报道，锌对减缓老年人的视力衰退有明显作用。总之，佛手瓜的矿物质含量是高的。据测定，生长 20 天的绿皮佛手瓜所含钙比黄瓜、冬瓜和西葫芦高两倍多，含铁是南瓜的 4 倍、黄瓜的 12 倍。

在佛手瓜绿色、白色或奶油色的品种中，普遍认为白色或奶油色品种质量最佳，在国际市场上受欢迎。

佛手瓜的嫩梢营养特别丰富，因其有攀缘卷须，而被称为“龙须菜”。100 克佛手瓜嫩梢含葡萄糖 106.26 毫克、果糖

35.97 毫克、蔗糖 204.80 毫克、淀粉 1810.16 毫克、粗蛋白 2.05 克、粗脂肪 0.95 毫克、粗纤维 1.84 克、维生素 B0.014 毫克、维生素 C19.17 毫克、类胡萝卜素 1.41 毫克，总氨基酸 1852.02 毫克、钙 49.96 毫克、钾 340.40 毫克、镁 36.04 毫克、磷 104.51 毫克、钠 2.75 毫克、锌 0.65 毫克、铁 1.24 毫克、锰 0.36 毫克、铜 0.22 毫克。从上可知，龙须菜中含有丰富的各种维生素和各种氨基酸，更值得一提的是含钾高达 340.40 毫克，而钠仅为 2.75 毫克，是不可多得的高钾低钠蔬菜。另外，含钙、锌、铜等亦高，是一种营养极为丰富、鲜甜可口，具有很好食用价值和较好保健作用的蔬菜。

二、栽培技术

（一）栽培特性

佛手瓜在热带作多年生蔬菜栽培，在湖南作一年生蔬菜栽培，老蔸可以越冬。根为须根系，向四周横展，多数分布在 30 厘米左右的土层，少数根入土可达 2 米以上，由于根系分布广，吸肥面宽，比较耐旱。

茎蔓长而分枝力强，主蔓可长达 15 米以上，茎蔓基部直径达 4~5 厘米，茎节上每节都有分枝，分枝上又有二次、三次分枝。节上着生叶、侧枝及卷须。卷须发达，长 20~30 厘米，有 2~5 个分枝卷须。叶片互生，为掌状五角，近似黄瓜叶，最大叶片宽 23 厘米、长 26 厘米，叶柄 16 厘米。

花为雌雄同株异花，花冠 5 瓣、黄色、花小，直径1~1.5 厘米，雌花每节开一朵，少数开 2~3 朵，子房下位，从开花到授粉、坐果为 4~5 天，依靠昆虫传粉。雄花为无限花序，花轴长达 10~35 厘米，开花 10~30 朵不等。雄花出现在子蔓上，开花早，雌花多着生在孙蔓上，开花迟于雄花。

果实梨形，似卷曲之佛手，故名佛手瓜。果实为五大瓤组合而成，瓜表面粗糙，上有小肉瘤和刚刺，实心、纤维少，肉质致密，落水即沉，瓜皮绿色或白色，果肉白色，具香味，果实长 8 ~ 12 厘米，单瓜重 300 ~ 600 克。果实中仅有一粒无种皮的肉质种子——胚，呈扁平纺锤形，子叶特别肥大，密着在果实的先端，种皮肉质膜状，无控制种子内水分蒸发的功能，在种植时需连果实一起栽，发芽之际由果顶萌出顶芽。种子无后熟和休眠期，未成熟的果实即能发芽。果实成熟后如不及时采收，种子在瓜中就会萌发，从茎蔓上的瓜中长出芽来，这种现象称为“胎萌”，这是佛手瓜的一个特点。由于种子脱离果肉后容易干瘪，丧失发芽能力，所以生产上多把整个果实当作种子来种植。

佛手瓜按果实颜色可分白色种和绿色种两大类，白色种果皮颜色淡白，像奶油色，果实较小，肉白，带糯性，可供鲜食，味佳，品质好，但植株长势弱，产量较低。绿色种果皮绿色，瓜形较长大，产量高，味稍差。植株生长势强，分枝多，结瓜多。

佛手瓜喜温耐阴，畏高热，怕严寒，又怕涝。当春季平均气温 12℃ 以上便可萌芽生长。最适生长温度为18℃ ~25℃，气温 30℃ 以上时生长缓慢，35℃ ~36℃时，几乎停止生长，叶片出现死斑。气温 20℃ ~25℃时旺盛生长，在 24 小时内，茎蔓一般能伸长 15 ~20 厘米，最长的达 33 厘米。在湖南自然条件下，3 ~4 月定植，生长随气温上升而逐渐加快。6 月下旬到 8 月上旬，天气炎热，气温高，生长缓慢，甚至停止生长。直到 9 月初天气凉爽，才进入旺长期，9 月开花坐果，到初霜时为止。地上部分遇霜即枯死，但地下部分却能在冬季 1℃ ~4℃下越冬。在老蔸上面加盖 30 ~40 厘米厚的枯草或垃圾，第二年春季气温回升，又开始萌芽生长。

佛手瓜为喜肥作物，应强调施基肥。前期以氮肥为主，促进茎叶生长，后期多施磷、钾肥，但佛手瓜对肥料浓度非常敏感，尤其是对人粪尿，如果浓度稍大，就会造成死亡。佛手瓜适应性较强，对土壤要求不严，但以含有丰富的有机质、土层深厚、保水力良好的壤土、砂质壤土和黏质壤土较宜。若在干燥瘠薄或排水不良，低洼易涝土壤上栽培，则生长不良。

（二）留种育苗

由于佛手瓜种子无坚硬的种皮保护，离开瓜后不能发芽，在湖南栽培，主要采用瓜种繁殖。首先要选好种瓜和保种过冬。

种瓜的选择：在10月下旬或11月上旬，选择着生早，瓜形好，瓜皮由白变为淡黄色，细刺变硬的老熟瓜。种瓜成熟的标志是：瓜的肚脐微胀，隐约可见芽尖初露。采摘后将种瓜一排排倒放（即肚脐有芽的朝上，有柄的一端朝下）在一个高25~30厘米的木箱、硬纸盒、瓦罐或花盆内，然后在瓜的空隙中填入干河沙或干细煤灰，一直将瓜覆盖，覆盖厚度为5~8厘米，置于空室贮存。室内温度应保持在5℃~10℃。到12月份，在种瓜的肚脐处，开始在瓤内发芽长根，到第二年3~4月，便长出有1~8个白色的嫩芽，芽长5~15厘米、根10~30条、根长10厘米左右，即可直接移栽于大田。

近年来研究发现，佛手瓜的种皮与果腔虽不易分离，但在发芽前后，种皮与胚却极易分离。这种无种皮的胚称之为“光胚”，这时剖取“光胚”，用来播种，出苗率最高，最整齐。剖取“光胚”时，切勿损破子叶，播种时，每穴播“光胚”一个，上面盖肥土5~6厘米厚。播种后，浇透水，以保持土壤湿润。但在幼苗期间不能施用人粪尿，以免死苗。“光胚”繁殖只能是春播，秋播越冬不安全，不宜采用。

（三）移栽

大田移栽定植应在终霜以后进行，湖南可在3月下旬到4

月初移栽。肥水条件好的土壤，每667平方米栽15~25株，肥力差的地块，不少于30株。庭院栽植不得少于两株，以利互相授粉。移栽后，若在移栽定植穴上搭一个长、宽、高各1米的塑料小拱棚，将瓜苗罩住，晴天时，白天揭，晚上盖，保温防霜，则可提早半个月移栽，以促进植株早生快发，增产潜力更大。

佛手瓜对土壤要求不严，又较耐荫蔽，它不需好田好土，房前屋后，树旁沟边，山坡坎地，阳台屋顶都可栽植。如在庭院用口径80厘米的大缸栽一株，结瓜可达120个；用口径40~50厘米的花盆栽一株，结瓜2~20个。盆栽全部用肥土，管理同大田。也可栽种在鱼塘埂上，用作鱼池搭棚避荫之用。

由于佛手瓜茎叶繁茂，结瓜又多，故需肥也多。为了满足佛手瓜对肥料的需求，在移栽前，应先挖一个深、宽各1米的定植穴，穴内施腐熟的优质农家肥50~150千克，磷肥、钾肥各0.5~1千克，以及人粪尿5~10千克，肥料应与穴内的泥土充分拌匀。定植时，瓜种斜置，瓜蒂向下，芽向上。盖土时，以芽露出土面5厘米左右为宜，露出的芽，4~5天后，便由黄白转变为绿色。

（四）田间管理

1. 肥水管理　佛手瓜幼苗对人粪尿特别敏感，在幼苗时施肥，只能施少量极为稀薄的粪水，否则幼苗会枯萎死亡。待主蔓上棚架时，施肥要离蔸60厘米开沟环施，每次每蔸5~10千克腐熟人粪尿和50克尿素，每隔15~20天施一次，一直施到终花期。初花期，每蔸还需另施腐熟的农家肥3~5千克，以提高结果率。在7~8月上中旬，由于气温高，生长缓慢，枝叶枯黄，这是正常现象。若视为缺肥而猛追肥，就会造成全株死亡。

根据佛手瓜喜潮湿，又忌干、怕渍的特点，除结合追肥淋水外，6 月份前，由于生长缓慢，应浇小水，防止浇大水降低地温，影响小苗生长和种瓜腐烂。到 7 月、8 月、9 月，佛手瓜的茎蔓已长达 5 ~6 米，这时生长量大，加上气温高，蒸发量大，植株需水量多，应加大浇水量并增加浇水次数，保持土壤见湿不见干。一般在根系分布范围内都要淋足水，还要在根部周围的地面上盖上一层碎草，以保持土壤水分不过度蒸发。到 10 月份，气温降低，蒸发量减少，此时，可适当控制浇水量，以防影响正常生长。

2. 搭架整蔓　佛手瓜的主蔓长，而且攀缘能力也强。如附近没有可以供攀缘的树木、房屋、草堆，则需搭棚打架。棚架可搭成凉棚或平架，架高 2 ~2.5 米，每株棚架面积，至少要 50 平方米，架下可栽种耐阴蔬菜。棚架要搭牢固，以防大风吹倒或压垮。

佛手瓜的子蔓和孙蔓结瓜较早，当主蔓长到 10 节左右时摘心，促生子蔓，子蔓长到一定节位，亦要适时摘心，促生孙蔓。若子蔓和孙蔓数量大，过于拥挤时，应适当剪去一部分。新栽培的佛手瓜，一般只有一根主蔓，自第二年起，根冠部分会发生很多茎蔓，如果任其上架，过于拥挤，反而会影响产量，应及早选留 2 ~3 根健壮的蔓，其余的可以剪下来作菜肴，也可以从基部带根分出，另外作为新株栽培。

当主蔓上架后，应分别向东西南北方向分蔓，为避免养分空耗，可摘除大部分雄花、老叶和卷须。在生长旺季整蔓、理蔓时，也应注意茎蔓分布均匀，以防茎叶郁闭，影响受光和产量。到生长后期，佛手瓜主蔓叶片枯黄属正常现象，但从主蔓及其基部新发出来的芽要及时除掉，以免影响瓜蔓生长。下垂的枝蔓不结瓜，要及时引到架上，或剪掉。

佛手瓜抗病虫能力强，很少有病害，虫害也少，一般不需喷施农药。

（五）采收和贮藏

佛手瓜的花期较长，结瓜有先有后，要分批采收。雌花受精后10天左右生长最快，15～20天即可采收嫩瓜上市供消费者食用。采摘时应选晴天，采大留小，成熟一批采收一批，采收时间以5～7天采收一次为宜。鲜食的可适当嫩采，商品瓜要待其生理成熟后采收。当瓜皮变硬，绿色变淡，明显发亮，为佛手瓜的老熟标志。留种瓜则要久留几天，待瓜的肚脐微胀，隐约可看到芽尖初露时采摘，但均应在打霜前采收完毕。一般每株可结瓜300～500个或更多一点。

佛手瓜耐贮藏，霜前采收没有破损的老熟瓜除立即上市外，一时卖不掉的，可将瓜放在竹箩、木桶、硬纸盒或地窖内，保持5℃～10℃的温度，空气湿度为50%左右。一般可贮存3～5个月，可陆续上市。在贮存中，有些瓜在肚脐上长出胚根和芽，应及早摘去，还可继续贮存，不影响食用质量。一般家庭贮存，可用报纸包裹，贮于室内10℃处即可，随食随取，可解决秋冬淡季蔬菜不足的问题。

（六）龙须菜的栽培

佛手瓜的嫩梢，不但营养丰富，而且脆嫩可口，味道十分鲜美，消费者无不称道。因其嫩梢上长有攀缘卷须，而称为“龙须菜”。

龙须菜栽培粗放，容易管理，只要肥水供应充足，茎蔓生长旺盛，而且在生育期间又无病虫害，不要打农药，不存在农药污染问题。而且在夏季高温环境，生长极为迅速。龙须菜在湘中娄底市栽培，在5～10月，平均每天可长5～10厘米，隔天就可采摘一次，是夏淡季的无污染保健佳蔬。台湾省目前龙须菜的栽培面积达500多公顷。

当前，我国佛手瓜的栽培遍及南北各地，主要食其果实——瓜。以采摘果实为目的的栽培，必须搭棚架。以采摘嫩梢为目的的栽培，则可以不搭棚架，改为匍地栽培。或搭1米高的支架，在株间插一些树枝、竹枝就行了。这样既减少了搭棚架的成本，又便于采摘。

由于龙须菜生长旺盛，在夏秋时节，如下几场雨，生长更为繁茂，一天就可采摘一次。但是，必须要有充足的肥水供应才能高产。故在栽培时，整地要深耕25～30厘米，作成1.5米宽的畦面，每畦栽两行，在畦的两侧挖穴栽培，穴距60～65厘米，667平方米应施足优质农家肥1500～3000千克，磷肥30～40千克，钾肥7～10千克，拌和后施于穴内作基肥。于清明前后，每穴栽种瓜一个，或栽带有根的芽两株。栽时瓜蒂（有柄的一端）向下，长有芽的向上，上面盖细肥土，芽子要露出土面。栽植时，土壤不要太湿，以半干半湿为最好，栽后淋一点安莼水。春季常有寒潮侵袭，栽植后，可在畦面铺盖一层农膜，可促进芽子的迅速生长，而提早上市。

龙须菜是以采摘其嫩梢作蔬菜，故在管理上，要围绕着促进萌发腋芽，有利于多长嫩梢来采取措施。首先在苗高30～50厘米时，即进行摘心，以促进腋芽萌发成侧蔓。当侧蔓长到20～30厘米时，再进行摘心，以后不断采摘嫩梢上市，不断刺激腋芽萌发，产量很高。其次，为了让嫩梢快速生长，每隔几天要施一次稀薄粪水或氮肥，在灌溉上，要经常注意淋水，保持土壤湿润，以满足嫩梢大量发生时对水分的要求，但土壤不能积水。最后要及时采收。龙须菜以嫩梢先端的品质最佳，故应在15～20厘米处摘下，这时嫩梢一般有2片嫩叶，在叶腋长有卷须，卷须长度为10～20厘米。单个嫩尖重约7克左右，最重的可达10克，嫩梢基部直径为0.7厘米左右。嫩梢摘下后，每250克或500克扎为一束，上市出售。

在露地栽培，到11月打霜时，则地上部分枯死，这时只要在其畦面堆盖一层20～30厘米厚的干草或垃圾，或盖上一层农膜，地下部分可安全越冬。到来年春季，可提早萌发和上市。如果将龙须菜栽于大棚中，寒冷时再在上面搭小拱棚，只要管理得好，可周年上市。发展龙须菜的生产，前景广阔，为农家增加收入的门路之一。

三、食用与加工

佛手瓜食用方便，可以做成几十种风味不同的菜肴，主菜和配菜都很受欢迎。

佛手瓜可以去皮生食，脆嫩多汁如梨，只是缺少梨的甜味，瓜汁中含可溶性固形物为4%～5%。也可和黄瓜、菜瓜一样作凉拌菜：先用盐暴腌，或用酱渍、糖醋渍都行。还可作腌菜、糟菜、泡菜，以及切片晒干用来炒吃，均独有风味。佛手瓜作为黄瓜的代用品，进入餐桌也很普遍。

在筵席上作凉盘，加工成块、条、角、片、丝、丁，根据各人爱好加以调味，是很好的开胃菜。

如切片、丝、丁，配炒虾仁、肉丝、鸡丝、鱼片，比竹笋要多一份酥脆感，而且色白如玉，色感效果也甚雅洁。用于烧、烩、炖、熬，以及汤菜，鲜美滋润，风味独特。可以说，佛手瓜兼具冬瓜、黄瓜、竹笋、荸荠、芋头、马铃薯等众多蔬菜之长。既是家常菜，又是筵席中的上料。佛手瓜还可做成馅，用来包饺子、馄饨、包子。

目前，市场上已有用佛手瓜做成的果脯出售，成为儿童、老年人欢迎的食品。

龙须菜可以配炒肉丝、鸡丝，也可单独炒食，亦可作汤，味道清香鲜美，脆嫩可口，有独特风味，深受宾馆、饭店的欢迎。

第二节 搅 瓜

搅瓜，又称金丝瓜、面条瓜和金瓜。为葫芦科、南瓜属，西葫芦的一个变种，一年生草本植物。原产美洲，16 世纪传入英国，我国上海附近的崇明岛早在明代就有栽培，到清代栽培渐普遍。乾隆皇帝下江南时，品尝搅瓜后，十分赞赏搅瓜的独特美味。

搅瓜的嫩瓜和老熟瓜均可食用，但以食用老瓜为佳。成熟的老瓜皮色金黄，瓜肉经蒸煮或冷冻后，经搅拌能分离成近 2 毫米的细丝，脆如海蜇，所以又有“植物海蜇”、“素海蜇”和“海蜇瓜”的美称。是蔬菜中的一个珍奇品种。现以上海市崇明县种植面积最大，速冻金丝瓜罐头就是崇明岛出口创汇的“拳头产品”。目前，江南和华北等地均有零星种植，北京等地也有引种，湖南引种栽培搅瓜已有十多年的历史。搅瓜耐贮藏，可一直贮藏到元旦和春节。由于搅瓜上市供应时间长，是调节蔬菜淡季供应的优良品种之一，具有巨大的发展潜力。

一、营养价值

搅瓜色泽金黄，清脆爽口，营养丰富，每 100 克搅瓜瓜肉干物质中含粗蛋白 11.5%，粗脂肪 1.47%，可溶性糖 48.3%，钙 0.17%，磷 0.22%，铁 7.33 毫克；每 100 克鲜瓜肉中含维生素 P0.5 毫克、维生素 C0.15 毫克、维生素 $B_1$0.2 毫克、维生素 $B_2$0.03 毫克、维生素 $B_6$0.088 毫克和 8% 的纤维素，还含有腺嘌呤及谷氨酸、天门冬氨酸等多种对人体必需的氨基酸。它还含有一般瓜类中所没有的葫芦巴碱，能调节人体代谢，具有清脑理肺、顺气撤火、防治便秘的功效。故又称搅瓜为“天然保健食品”。搅瓜中还含有一种丙醇二酸的物质，可抑制糖类转化为脂肪，有减肥之作用。所以搅瓜也是一种“天然减肥食品”。

二、栽培技术

（一）栽培特性

搅瓜虽在我国种植历史较长，农村零星栽培的品种很多，但缺乏对其品种资源的调查研究，生产上应用的是一个集团群体品种。有长蔓型、中蔓型和短蔓型3种。搅瓜根系发达，分布直径达1.2～2.1米，但根群主要分布在20～30厘米的耕作层。茎蔓长而粗壮，主蔓长3～5米，茎粗约1厘米，节间长6～13厘米，分枝力强。叶片宽大，单叶互生，绿色，心脏形或五角形，主蔓着生叶片25～50片，叶柄长15～20厘米。搅瓜雌雄同株异花，主蔓第一雄花着生在5～6节，主蔓第一雌花着生在6～13节，侧枝上的第一雌花着生在4～6节，而主蔓以10～20节最易坐果，每株结瓜1～3个。花朵每天于5～8时开放，9时开始闭合，所以人工辅助授粉应于早上8时前进行。搅瓜的果实生长迅速，果实的生长期仅有25～30天。授粉后7天的瓜长度已达采收时的83%左右，授粉后10天，果实的纵、横径基本上达到最大，20天后瓜的大小不再变化。开花后约一周即可食用嫩瓜，开花后约30天，即可采收老瓜。老熟的瓜为金黄色，瓜长20～25厘米，横径约11～15厘米，瓜肉厚2.5～3厘米，单位重1～2千克。

搅瓜的肉层能分离成丝状。老熟的瓜丝直径2～3毫米，长5～15厘米，最长的可达31厘米，瓜丝微黄透明。每一瓜丝是由中央维管束和周围3～5层薄壁细胞组成，瓜丝间有较窄小的细胞将其分离。在蕾期已有瓜丝的雏形，开花受精后，薄壁细胞增大，瓜丝间的细胞和薄壁细胞积累较多的淀粉粒，以后逐渐减少，且瓜丝间的细胞趋向于衰老解体。经蒸煮或低温处理后，瓜丝薄壁细胞失水，瓜丝收缩，将瓜丝问的薄壁细胞拉破，各瓜丝从衰老的细胞处裂开分离成丝状。种子乳白色，卵圆形，千粒重140克左右。

搅瓜是喜温的短日照植物，种子萌发适宜的温度为25℃，幼苗生长适温为15℃～25℃，茎蔓生长适温为18℃～27℃。搅瓜有一定的抗寒能力，10℃以上可正常生长，耐高温能力差，气温高于30℃植株生长发育不良，易感染病毒病，并提早衰败。开花结果期要求适温为25℃～29℃，温度超过33℃，花器管发育受阻，受精不良。

搅瓜对土壤要求不严，耐瘠薄，适应性强，并有一定的耐旱能力，但怕渍。一般缓坡山地、菜园土、宅傍隙地、塘埂渠边、山坎土埂均可种植，但以肥沃、疏松的砂质壤土为宜。搅瓜是以果实为产品，不仅要求较充足的氮素，还要求供给足够的磷、钾肥。

搅瓜在湘中娄底市种植，在3月下旬到4月初播种，6月下旬可收第一批成熟的瓜，比普通南瓜早10天左右，采收第一批瓜后，可陆续收获。

（二）播种育苗

搅瓜可育苗移栽，也可以大田直播。

搅瓜与普通南瓜一样，常采取育苗移栽。育苗方法可以用冷床育苗，也可用酿热温床和大棚育苗。种子应先进行催芽处理，即播前用55℃温水浸种20分钟，待水凉后继续浸3～4小时，然后置于20℃～25℃条件下催芽，芽长1厘米时即可播种。

苗床要疏松通气，最好做成宽1.2～1.5米的畦，苗床土用肥沃的菜园土与充分腐熟的农家肥按1:1混合，将催好芽的种子按5厘米×5厘米的营养面积播种在苗床上或营养钵中，上面覆土1厘米。苗床上搭小拱棚。温度白天保持

25℃～28℃，出苗后适当降低温度，白天22℃～25℃，夜间15℃～17℃。第一片真叶展开后分苗，行株距为15厘米×10厘米。当日历苗龄30天左右，生理苗龄3叶1心至4叶时即可定植到大田。

育苗移栽宜适当早播，因为搅瓜有一定的耐寒能力，适当早播育苗，既能延长生长时间，又可使开花结果期处在较适宜的环境条件下，有利于提高产量和品质。若采用小拱棚育苗，湖南可在3月上中旬在冷床中播种育苗。4月中下旬定植。大田直播的播种期，要求在当地气温稳定在10℃以上。为了争取高产，也要尽可能早播。一般播种期以在4月初为宜，播前要先将种子用55℃温水浸种20分钟，再继续浸种3～4个小时，催出芽后再播种。每穴播催好芽的种子3粒，盖土2厘米厚。有条件的地方，还可盖上地膜，子叶出土展开后，划破地膜，将苗引出膜外。幼苗1～2片真叶时间苗，3片真叶时可定苗。直播时要注意，播穴不下陷，防止渍水烂种。

（三）移栽

移栽前，首先要下足基肥，整好地。园地或山边坡地成片栽培，播前或定植前，应因地制宜进行整地施肥。园地可采用高畦栽培，山边坡地可起堆种植。高畦栽培可做成畦面1.2～1.5米宽的畦，畦高30厘米，畦距30厘米左右。每畦栽两行，按株距0.5～0.8米挖深、宽各35～40厘米的定植穴，每穴集中施用基肥，用量按667平方米施用农家肥3000～4000千克，磷肥25～30千克，钾肥10～15千克，施后与穴内土壤拌匀，并恢复原畦状，等待定植或播种。山边坡地及其他隙地栽培，可按地势确定行株距，进行局部深翻土。起堆栽培，同样开好定植穴，施足农家肥和适量的磷、钾肥，与穴土拌和后恢复堆状，等待定植或播种。

定植时，每穴栽两苗，苗距10～15厘米，平均667平方米栽苗1000~1300株。起苗应尽可能带土，随取苗、随定植，随淋安蔸水，力争栽后不缓苗。

（四）田间管理

1. 保全苗齐苗　移栽定植后，或幼苗出土后，要注意检查田间缺苗情况。可以预留补栽，或用种子催芽补种。直播每穴要保有两株苗，原每穴播种子3粒，出了3株苗的，间去弱苗，不足2苗的，应及时补上，以保证全田计划苗数。

2. 肥水管理　搅瓜生长期短，需肥量大，施肥以基肥足、追肥早，氮、磷、钾配合为原则。一般追肥至少4~5次。移栽定植结合淋安蔸水，追施一次速效性氮、钾肥，促进幼苗恢复生长。定植后12天左右，追施第二次肥料，以保证植株健壮生长；雌花开放的结果初期和第一果开始采收时，各追肥一次，667平方米追施尿素10千克，或人粪尿1500千克。

搅瓜有一定的抗旱能力，除每次追肥后，都应适量灌水，果实膨大期供给充足的水分外，在整个生长期间，不遇干旱，一般不必灌水或少灌水。

3. 中耕除草　移栽后，每次追肥都要结合中耕除草。生育后期，一般正值湖南梅雨季节，要防止田间畦沟渍水，每次中耕，都要清理好畦沟，做到雨后田干，不渍水。

4. 支架引蔓和植株调整　搅瓜栽培有两种形式：支架栽培和爬地栽培。据试验，支架栽培比爬地栽培的增产44%左右，所以应及时搭架。即当苗高30厘米，开始发生卷须时，就要搭架，并引蔓上架，使其向上生长。

搅瓜以主蔓结瓜为主，坐果后要将侧蔓整去，每蔓结瓜2~3个后，在末瓜前留4~6叶摘心，使营养集中，促进果实生长。也可采取促子蔓结瓜的方法：当主蔓长出7~8片叶时，打顶尖，留两条侧蔓结瓜，在爬地栽培时侧蔓定向要与行向垂直，有利于通风透光。另外，在爬地栽培时，生育期间可以压蔓2~3次，既可使茎蔓在畦面上均匀分布，又可使茎蔓生出不定根，增加对水和养分的吸收。

5. 人工辅助授粉与留瓜 为了提高坐果率，在开花期间，可在上午8时前进行人工辅助授粉。方法是用毛笔沾取雄花粉涂抹在雌花柱头上，也可直接摘雄花触抹雌花柱头。每株留瓜2~4个，在所留的第2或第3个瓜长到25~30天后，部分植株会迅速衰老死亡，所以在生产中应尽量采取措施，促进早结瓜，以利于增加留瓜数。到中后期，还要及时摘除病叶、老叶、畸形果和雄花。

留种瓜应与普通南瓜隔远一点栽培，以免串花授粉发生异变。开花时，雌花应与本品种的雄花及时进行人工授粉。

6. 病虫害防治 主要害虫是黄守瓜、蚜虫和蚂蚁。黄守瓜和蚜虫在幼苗期较多。蚂蚁一般可以啃食瓜果。可用800~1000倍40%乐果乳剂防治2~3次。防治蚜虫发生，是防止病毒病发生的重要途径之一。苗期开始出现黄守瓜危害时，也可以在幼苗叶面上撒一层草木灰防治，蚂蚁可用9%的敌百虫1000倍液。

主要病害是白粉病。霜霉病、疫病和炭疽病也有发生。白粉病是搅瓜生长中后期最易发生的主要病害，常引起植株早衰。一般发病迅速、发展快，局部发病的10天内，就可全田发病，而且发病株上采收的瓜也不耐贮藏。所以一定要及时防治，可在6月上中旬的发病初期，用25%的粉锈宁1000倍液加0.1%的尿素喷雾，防治效果达90%以上。也可用50%托布津可湿性粉剂1000倍液，或75%百菌清可湿性粉剂600~800倍液喷洒，每隔6~7天喷一次，连喷3~4次。霜霉病、疫病和炭疽病，可用50%的托布津可湿性粉剂800~1000倍液，75%的百菌清可湿性粉剂600倍液，或50%的多菌灵可湿性粉剂500~600倍液，进行叶面喷洒。在发病初期，每隔5~7天喷洒一次，连喷2～3次，可控制病情发展。

植株无病，生长健壮，采收的果实不感染病虫害，则可明显减少果实在贮藏期间的腐烂率，延长贮藏的寿命。

三、采收贮存

采收嫩瓜者，谢花后7～10天即可进行。嫩瓜不宜贮藏，应尽快炒食。

采收成熟的老瓜，在谢花后30天左右进行（据试验，25天瓜龄的比35天、45天瓜龄的更耐贮藏）。搅瓜一般在6月下旬至8月上旬成熟，7月底早瓜采收结束。成熟的瓜，瓜皮是金黄色，皮很硬，手指甲不易划破，选择连续晴天的下午采收。用于贮藏的老熟瓜，在采收时尽量不要损伤果肩或瓜皮，采收时用剪刀带柄剪下，采收前10天左右停止灌水。在运输中要轻拿轻放，以免造成伤口。

老熟的瓜很耐贮藏，可一直贮藏到元旦、春节。贮藏期的长短与采收前植株的生长状况、瓜龄、贮藏条件等因素有关，生长健壮的无病株上采的瓜和瓜龄25天左右，晴天采收的瓜最耐贮藏。为了减少贮藏期间的腐烂率，可于瓜龄20天时用粉锈宁和多菌灵混合液喷雾，重点保护果实，并可兼防白粉病和炭疽病。采收后再用50%多菌灵500倍液喷果或浸果2分钟，然后晾干后贮藏，可明显减少贮藏中的腐烂率，延长贮藏寿命。

贮藏中的老熟搅瓜，应放在10℃左右凉爽、干燥的室内，3～5层叠排堆放，15天后翻堆一次，发现烂瓜时及时剔除，到10～11月下旬，剔除烂瓜，选择好的再重堆，不须加任何防护，在冬季也只要保持贮藏温度不下降到零度即可。

四、食用方法

搅瓜的食用，可单独成菜，也可作凉拌和冷拼的配菜，还可腌渍、做馅，又是汤菜的好原料，食用方法很多。食时分三步进行。

（一）取瓜丝

1. 加热法 老熟瓜食用时先将瓜洗净，从瓜中部横切成两半，挖去瓜瓤和种子，放人冷水锅中，将水加热煮开，水开持续6~7分钟左右，如果直接放入开水中需煮10分钟左右，也可蒸15分钟左右，然后取出瓜，用筷子插入瓜内，顺着瓜的切口圆环平行方向，并朝一个方向连续搅动，不可逆转，否则搅出的瓜丝不长，如搅动得好，瓜丝可长达15厘米左右，或更长一些。煮或蒸的时间，应根据瓜的大小，皮的厚薄，成熟度的不同，灵活掌握，以稍用力能将筷子插进瓜肉，瓜肉达到大半熟为度。蒸煮时间过长，瓜丝变短，而且不脆，味道不佳。

2. 冷冻法 可把瓜放在冷库或冰箱的冷冻室中冷冻处理，待冷透后，在自然温度下或温水中解冻，再从瓜中部横切成两半，去除瓜瓤和种子，用筷子按上述方法搅出瓜丝。

（二）瓜丝处理

用加热法搅出丝瓜后，立即将瓜丝放入凉开水中使瓜丝更加清脆，然后沥干备用；冷冻法搅出瓜丝后，将瓜丝放在开水中过一下，及时捞出放在凉开水中冷却，再捞出备用，以增加瓜丝脆度和适口性。

（三）调味食用

1. 炒食 将切好的肉丝加入佐料，炒熟后，再放入瓜丝，翻炒几次，便可食用，味道十分鲜美。

2. 凉拌　将瓜丝用清水洗净沥干，加入芹菜、辣椒及佐料，色泽鲜艳，清脆可口。如在瓜丝中加入适量的糖、醋、芝麻油、葱、蒜末及少许味精，可制成凉拌菜，口味清凉甜酸，是儿童喜爱的菜肴，也是高档酒菜。

3. 腌渍　将切开的搅瓜放入纱网袋中，置于酱坛内腌 2～3 天，取出加姜丝等调料，便可食用，还可加其他佐料调制。

4. 作汤料　将汤烧沸后放瓜丝，片刻停火加胡椒粉、醋、味精等，即成酸辣搅瓜汤，也可作成猪肉搅瓜汤、鸡丝搅瓜汤和鸡蛋搅瓜汤。

此外，瓜丝还可油炸拌糖、作馅及作火锅的配料等。无论采用何种烹饪方法，搅瓜都是一种营养丰富，色、香、味俱佳的高档蔬菜。

第三节　奇怪瓜

奇怪瓜又名观赏南瓜、玩具南瓜和看瓜，为葫芦科一年生蔓生性草本植物，是南瓜中的一个变种。1989 年从辽宁省农业科学院引种到湖南栽培。

一、观赏与利用价值

奇怪瓜之奇，在于瓜形之怪，它上圆下方，还有四条腿（个别三条和五条）；奇怪瓜之怪，在于它色彩之奇，它上圆如帽，呈橘红色，并有青绿色的纹条，将其分成十瓣，下部呈方形，四脚突出，为粉白带黄色，并间以红、粉红、嫩绿色的花纹和花斑，犹如一幅美丽的水彩画。整个瓜又像一顶美丽的皇冠。

奇怪瓜引入湖南栽培已有 10 多年的历史了。它奇而又怪，奇而不丑，怪而又秀，怪中有美，怪中有雅，奇得诱人，怪得可爱，不但农家喜欢种植，把它作为生财之道，就是花卉爱好者，也莫不以先种几株为快事，以美化环境。那一棚棚的奇怪瓜，看茎蔓，绿荫满架，春色常驻；看花朵，招蜂引蝶，一派生机；看瓜果，五彩缤纷，如悬灯笼。远远望去，真是万绿丛中点点红，光彩耀眼，庭院生辉，观者无不称奇道怪，为庭院增加几分秀色。

奇怪瓜还可进行盆栽，亦能开花结果，即使身居闹市，也可以领略瓜棚豆架的乡间情趣了。

奇怪瓜的食味比普通南瓜要细腻，适口性好，因含果胶比普通南瓜更多，而且甜度也高。吃法上可炖、可炒，也可煮汤。据国外学者研究发现，南瓜中的果胶能与人体内多余的胆固醇粘结在一起，多食用一些奇怪瓜，可以预防和治疗因胆固醇引起的动脉粥样硬化。南瓜中的果胶还有极强的吸附性，能粘合和清除人体内的有害物质，如细菌毒汁、重金属和放射性元素；还能消除和减少食物中的农药、亚硝酸盐等有害物质，并能增强肝脏、肾脏细胞的再生能力，提高机体对有毒物质的抗性。奇怪瓜与冰糖蒸食，对哮喘病有较好的疗效。奇怪瓜还有补中益气，帮助消化的功能。

奇怪瓜较耐贮存，贮存到元旦和春节而不坏。将它摆在桌子上，由于五光十色，稀奇古怪，可供欣赏，也可作为珍稀礼物赠送给亲朋好友。更可上市卖个好价钱。

二、栽培技术

奇怪瓜茎蔓长 5 ~6 米，茎、叶与普通南瓜相同，种子也与普通南瓜种子大小和形状一样，但种子呈白色，种子外面有层半透明的膜。花与普通南瓜花一样，但黄色的花瓣上有茸毛，每瓣花冠上有 5 条花脉，而普通南瓜的花上没有茸毛，每瓣花冠上只有 3 条花脉。栽培技术与普通南瓜基本相同。

1. 选地栽培　奇怪瓜适应性强，不择土质，在酸性强的瘠薄红壤旱土上亦能正常生长，根系比其他瓜类入土深，有较强的抗旱能力，喜水、好肥、喜阳光，抗病性强，生长期间无需治虫、治病，是一种无污染的蔬菜。但怕渍，在地下水位高，有积水的地方，或种在空气湿度大的山区丘陵中的谷地，容易烂根生病枯死。奇怪瓜产量高，采用搭棚架栽培，每株可结瓜5~10个，单瓜重1~2千克。若爬地栽培，每株只结瓜1~3个。

奇怪瓜宜零星种植在房前屋后、田头地角、山边地坎，挖穴打棚架栽培，病虫害少，产量高，也可成片作畦打棚架栽培或爬地栽培。行距为1.5~2米，株距为0.5米。

2. 播种育苗　露地栽培可在3月中旬搭小拱棚育苗，育苗方法与搅瓜育苗相同。

3. 移栽　露地栽培可在4月上旬终霜后选晴天移栽。由于奇怪瓜生长繁茂，结瓜多，又不易早衰死苗，故需肥多。在移栽前，先要挖一个深、宽各60厘米的定植穴，穴内施入农家肥50~100千克、人粪尿10千克、草木灰2~3千克作基肥，并与穴内泥土拌匀后，才能进行移栽。移栽后，幼苗生长期间有黄守瓜危害幼苗，可用40%乐果乳剂1000倍液喷杀，7~10天喷杀一次，连喷2~3次。也可在幼苗叶面上撒一层草木灰，防治效果也很好。

奇怪瓜在湘中娄底市种植，于3月中下旬播种，5月底开花，7月上旬第一批瓜即可成熟，到9月上旬仍能开花结瓜，到10月下旬植株才开始枯萎死亡。

4. 肥水管理　奇怪瓜移栽后，应立即浇一次安莌水，以后要及时浅中耕和除草，长到5~6片叶时，结合中耕，施一次稀薄的人畜粪水，以促进茎蔓的生长，当第一批瓜坐住后，重施一次人畜粪尿水。头瓜采收后，再追肥1~2次，以促进后熟瓜的生长。

奇怪瓜根系发达，叶片大，蒸腾旺盛，最大叶片长 22 厘米，宽 32 厘米，柄长 25 厘米。在高温干旱的 7 月、8 月，叶片易萎蔫，需及时淋水抗旱，以免影响正常生长。而雨季则需清沟排水，防止田间积水。

5. 整枝　在空闲地进行零星种植的，不管是搭棚架栽培，或爬地栽培，多采用放任生长，不进行整枝。但在菜园中进行成片爬地栽培，则应进行整枝，整枝多采用单蔓式或多蔓式。单蔓式用于密植栽培，即将所有侧枝摘去，进行独蔓结瓜，结瓜后，留 5 ~6 叶摘心。多蔓式即在 5 ~7 叶时摘心，留强健侧蔓 3 ~4 条，每条结瓜 2 个后，留 5 ~6 叶摘心，以集中养分，促进瓜果膨大。

6. 人工辅助授粉　为了提高坐果率，特别是种植在高墙深院中，由于阻挡昆虫传粉，雌花受粉不良，往往会黄缩脱落，所以应在早上 8 点钟左右，进行人工辅助授粉。方法是：把雄花 2 ~3 枚摘下，去掉花瓣，把雄蕊对准雌花摩擦，能提高坐瓜率。

7. 病虫害防治　奇怪瓜的虫害，前期主要是黄守瓜和蚜虫，可用40% 乐果乳剂 1000 倍喷杀防治。后期主要是白粉病，可用 50% 托布津可湿性粉剂 1000 倍液或 75% 百菌清可湿性粉剂 600 ~800 倍液喷洒，每隔 6 ~7 天喷一次，连喷 3 ~4 次。

8. 采收与留种　奇怪瓜以采收老瓜为主，即在谢花后 35 ~40天，瓜的上帽成橘红色，下面的四个“脚”由粉白色变成粉红色，而且上面的红色长条斑纹明显，即为成熟的标志，便可采摘。如果采摘过早，则不耐贮存，容易腐烂。

为了保持奇怪瓜能连年种植不发生变异，应与普通南瓜隔远一点种植，以免串花授粉。开花时，雌花亦应与本品种的雄花及时在早晨进行人工授粉。

三、盆栽方法

在城市为了美化居住环境，也可将奇怪瓜进行盆栽，亦能正常开花结果。方法是：先准备一个小花盆，并盛大半盆肥土。在3月下旬或4月初，将奇怪瓜的种子用水浸半天，在花盆内点播3~5粒种子，再在种子上面盖一层1厘米厚的肥土，然后在花盆上罩一个白色的塑料袋子，以保温保湿，加快发芽。盆内要淋点水，保持泥土湿润。白天放在阳台上，晚上气温低时搬进室内，3~5天便会出苗。

再准备一个大花盆，或大木箱、大木桶，越大越好。盆泥土可用一份肥菜园土、一份煤灰、一份腐叶配成，不施基肥。当幼苗长到3~4片叶时，将幼苗栽在大盆的中央，为了保证植株有较大的光合面积，可在庭院或阳台需要供观赏的地方，因地制宜搭上棚架，或牵引绳索作棚架，供瓜蔓攀缘伸长，要及时将瓜蔓牵引上架。幼苗期当有黄守瓜及蚜虫危害时，可用40%乐果乳剂1000倍液防治，如果一时没有，可用家用卫生杀虫剂喷一下，效果也是一样。

当瓜蔓长到5~7片叶时，摘去顶心，以利分枝及坐瓜。当雌花开放后，要及时进行人工辅助授粉。当瓜蔓挂瓜后，千万不要因为好奇，经常用手触摸小瓜，以免小瓜脱落。平时要保持盆内土壤湿润，生长旺盛季节，每周要追施一次稀薄肥料，千万不能将复合肥或尿素直接施在盆内，否则就会造成死苗。而应配成1%的肥料浓度进行淋施，或将煮饭的淘米水淋施也可以。奇怪瓜长大后，不要急于将它摘下来，最好等瓜柄呈干枯状时再摘，这样的瓜才色彩艳丽，又耐贮存。

第四节 飞碟瓜

飞碟瓜，又叫观赏西葫芦，是西葫芦科属里的一个变种，1997 年才由中国科学院黑龙江农业现代化研究所引种到湖南栽培。

飞碟瓜形似飞碟而得名。它瓜皮白色或浅绿色，犹如白色或浅绿色的瓷盘，美观可爱，像一件精美的工艺品。飞碟瓜个儿小，结瓜数多，植株低矮，紧凑无蔓，与西葫芦一样，栽培时不要搭架。它不但适应性强，而且较耐寒、耐阴，病虫害少，生长温度为 10℃～35℃，最佳生长温度及结瓜温度为 18℃～25℃，春季幼苗比黄瓜等瓜类耐低温，幼苗可耐 3℃～5℃的短时低温。长期低于 10℃或长期高于 35℃时生长缓慢，发育不良。春季喜日照，长期阴雨易生病。叶为深绿色掌状裂叶，花黄色喇叭状，雌雄同株异花授粉，单瓜重 0.5 千克左右，最大的瓜 1 千克，每株能结瓜 5～7 个，多的达 10 个。第 4～5 叶节上结第一个瓜，以后几乎每个叶节上都结瓜。主茎基部叶节长 1.5～2 厘米，稍上部 4～7 厘米。在湘中娄底市种植，4 月 3 日播种，5 月 6 日开花，5 月 16 日采摘嫩瓜，6 月 21 日收老熟种瓜。从播种到开始采食嫩瓜仅为 43 天，到收老瓜为 79 天。

飞碟瓜瓜体紧实，瓜肉多，瓜腔小，瓜瓤很少，茎直立，长势较强，茎基部直径达 3.6 厘米。飞碟瓜由于抗寒性较强，生育期又短，非常适合湖南早春大面积地栽培和大棚栽培，也宜栽培于庭院和花盆中，以美化环境。又因瓜形奇特，如工艺品一样，售价比同类瓜要高 2～3 倍。

一、营养与药用价值

飞碟瓜瓜肉乳白，肉质细密脆嫩，无筋无纤维，具有很高的营养价值和食疗作用。从营养成分看，它比西葫芦更富含营养物质；从食用角度看，飞碟瓜果肉质密芳香，既可生食凉拌煮炒，又可做汤做馅，加工果脯，又适于加工制罐；从医疗作用上看，由于它可促进胆汁的分泌、肝中糖原的还原，因此对心血管病和痛风病，以及肥胖症、肝肾等病都有辅助治疗作用。同时，由于飞碟瓜富含果胶质，还可预防胃黏膜、肠遭受危害，因此，患有黏膜炎、溃疡、动脉粥样硬化病者选择食用，会大有裨益。飞碟瓜种子含有大量油脂（约为种子重量的40%），可榨油食用。此外，种子可作驱虫剂使用。

二、栽培技术

1. 播种育苗　在湖南作早春露地栽培或大棚栽培，均以育苗移栽为主。大棚栽培的，可在2月底3月初在大棚中育苗，露地栽培的可在3月中旬搭小拱棚育苗。育苗方法与搅瓜育苗方法相同。

2. 移栽　飞碟瓜对土壤要求不严，砂壤土、黏壤土，以及酸性红壤旱土均可种植，但以肥沃而疏松的壤土为好。飞碟瓜根系发达，喜肥，但不耐渍。整地时应深耕30厘米，并作成畦，畦面要整平整细，畦面宽1.2～1.5米，双行栽培，行距70～80厘米，株距60～70厘米，按株行距挖穴栽植。由于飞碟瓜生长繁茂，结瓜又多，应施足基肥。在移栽前667平方米要施腐熟的农家肥3000～4000千克和复合肥20千克，拌和后施于穴内，并与穴内土壤拌匀，终霜过后，选晴天无大风时，即可移栽。起苗时，应多带土，移栽于定植穴后，立即淋一次安蔸水。

3. 田间管理　飞碟瓜移栽成活后，和一般南瓜一样，常有黄守瓜危害，可用40%的乐果乳剂1000倍液喷杀，10天一次，连喷2~3次。在叶面上撒一层草木灰，也有防治作用。移栽后，若还有一些苗生长不好，要结合中耕除草，施一次稀薄人畜粪水，一般要进行2~3次中耕除草。由于早春气温低，昆虫少，第一、二朵雌花应进行人工辅助授粉，晴天上午8时左右，用干净毛笔将雄花蕊上的花粉醮抹在雌花柱头上。也可把雄花摘下，去掉花瓣，把雄蕊对准雌花的柱头摩擦。

飞碟瓜长势旺，叶片大，蒸腾作用强，最大叶片长达44厘米，宽37厘米，叶柄长49厘米，结瓜后如遇干旱，要及时淋水。头一个瓜长不大，还影响以后坐瓜，应及时摘掉第一个瓜。

飞碟瓜以采摘嫩瓜食用为主，当瓜径10~12厘米、瓜重300~400克时采收。若用于制罐，则需采收6~7厘米果径的瓜，盛瓜期2~3天采收一次，一般667平方米产量1500~2000千克。

飞碟瓜的主要虫害是蚜虫，应及时防治，以防蔓延，可用40%的乐果乳剂1000~2000倍液，或用50%敌敌畏乳油1000~2000倍液喷杀。

另外，由于飞碟瓜营养价值高和适口性好，飞碟瓜在含苞待放的雌花和刚落花后的幼瓜，老鼠极爱偷食，应注意灭鼠。

三、留种及贮放

留种瓜以留第二或第三个瓜为好，选瓜形美观、理想、无病的瓜留种。留种的瓜，要远离西葫芦等同科属的瓜类的地方栽培，以防串花变异。等瓜充分老化，瓜皮坚硬、木质化以后，用指甲狠劲掐不动时采摘，切瓜剥出种子，用清水淘洗几次，淘去种衣晒干，贮于干燥处，留作下年用。种子形状与普通南瓜的种子一样，但稍小一些，千粒重100克左右，种子发芽年限为3～5年，但人们习惯用1年的新种子，发芽率高，发芽势强。由于此时瓜皮已形成坚硬的木质层，瓜已不怕碰撞，瓜从1米多高处掉落摔不破，特别耐贮运。留作长期贮放的瓜不要碰伤。贮于一般室内，不用保鲜剂，也不用冷藏，可自然贮放3～5个月。

四、上色及装饰

飞碟瓜瓜形美丽，洁白如瓷，若要加工成工艺品，可用老瓜来加工制作。根据瓜形状的不同，涂画不同色彩及花纹，再贴缀些金银纸箔或彩色飘带，或彩色丝线等，使其像皇冠、古玩，可与真的彩色陶瓷器工艺品相媲美，使其更富情趣，更能卖个好价钱。

第五节　黄秋葵

黄秋葵又叫羊角豆、羊角菜、秋葵，是锦葵科草本植物，以嫩果供食用。黄秋葵原产于非洲，在埃及、加勒比海地区种植较多，是非洲和美洲常食的蔬菜之一。现在世界各国均有分布，以非洲最为普遍，东南亚、日本、美国也较多。近年来在日本和欧洲各国被视为热门菜，栽培面积急剧增加。我国从印度引进种植，只有70～80年的栽培历史，以台湾省最多，还向日本出口。大陆种植面积较少，近年在发展中，主要是满足外国宾朋的需要，我国人民食用的很少。在北京、上海、广州等地，黄秋葵被誉为是名优特种蔬菜品种之一，很有发展前途。在湘中娄底市引种黄秋葵栽培已有20多年的历史。

黄秋葵在湖南为一年生栽培。它适应性广，抗逆性强，栽培时对土壤要求不高，田埂、荒坡，房前屋后的空坪隙地均可种植。特别是它喜温暖、耐热、耐旱、耐涝等特性，在炎热的夏季仍能正常生长，成为堵伏缺的新型蔬菜。加之其适用多种烹饪方式，口感滑嫩爽口，有特殊的香味，深受市场的欢迎。

黄秋葵不但是一种优质的蔬菜，其种子和花以及植株也各有特色。黄秋葵的花很大，具有很高的观赏价值，充分开放后，花冠直径可达4～8厘米。花色甜美，淡黄色，中央有一深红色的斑点，花朵大而艳丽，观赏价值较高，作切花很受欢迎。在暖和的日子里，太阳升起后，便立即开放，而招蜂引蝶。黄秋葵植株直立挺拔，高达2米，叶柄长，叶片大，呈五裂，株型舒展，可作为庭院一景，又能为田间增加秀色。

近来，又培育出一种叶片和果荚均带红色的红秋葵，红秋葵比黄秋葵的植株稍高，果荚稍长，其营养成分、食疗功能、栽培方法和食用方法均与黄秋葵相同。由于整个植株都带有红色，故观赏价值却独具一格。

一、实用价值

黄秋葵主要以淡绿略带微黄色的嫩果荚供食用。另外，嫩叶、芽和花均可食用。黄秋葵含有多种营养成分，每100克嫩果含蛋白质2.5克、粗脂肪0.1克、碳水化合物2.7克、维生素A660国际单位、维生素$B_1$0.2毫克、维生素$B_2$0.06毫克、维生素C44毫克、钙81毫克，磷63毫克、铁0.8毫克。其维生素A、维生素B、维生素C等含量均高于菜豆，磷、钙、铁、氨基酸的含量也比其他蔬菜高。黄秋葵嫩荚还具有显著的保健功能，有清凉解暑和提神的作用。嫩荚中还含有一种黏性的糖蛋白，其成分是果胶、牛乳聚糖和阿拉伯聚糖等。果胶为可溶性纤维，在现代保健新观念中极为重要。经常食用黄秋葵，能帮助消化，增强人的耐力和体力，并有保护肠胃、肝脏和皮肤、黏膜的作用，并有治疗胃炎、胃溃疡及痔瘘等功效，又具健脾益胃、润燥利肠之功能，可治脾虚气虚、肠燥便秘等症。加上食用时口感润滑，具有特殊的香气和风味，是一种很好的蔬菜。由于黄秋葵具有以上的营养价值和保健功能，在非洲许多国家、加勒比海岛国和日本等地普遍栽培，均作为运动员食用的首选蔬菜，也是老年人的保健食品。

成熟的种子含油率达20%，其中含不饱和脂肪酸、亚麻酸和油酸达70%以上，是优质食用油。油脂经氢化处理还可做酥脆奶油，或加入人造奶油中，营养价值很高。种子中含蛋白质15%～26%，可取其种子直接食用，以代替豆类。从种子内分离出高蛋白、高油脂的粗粉，可用于烘制食品。成熟的种子还含有丰富的钾、钙、铁、锌、锰等元素。干种子炒熟磨成粉可代替咖啡饮用或作咖啡的添加剂，中美洲人民利用这种没有咖啡因的秋葵咖啡提神，气味芳香，酷似咖啡。

黄秋葵的叶苦平，根苦寒，花、种子均可入药，可治恶疮、痈疖病症，并有一定的抗癌作用。

黄秋葵的茎高达1.5～2米以上，其纤维可作为优良的造纸原料；未成熟的黄秋葵果荚富有胶质，很黏稠，可用来黏纸和作蛋白黏作剂，黄秋葵的茎秆待完全干燥后，可用作燃料，是解决山区农村廉价能源的一条途径。

二、栽培技术

（一）栽培特性

黄秋葵的根为直根系，主根入土深达1～2米，侧根发达，主要分布在30～40厘米土层中，有较强的抗旱能力。茎直立，木质化程度高，可作燃料。我国栽培的高秆品种植株高度可达2～3米，茎基部直径粗3～5厘米，矮秆品种为1米高。侧枝从花以下发生，叶片互生，单叶。叶柄长，叶片大，掌状五裂，有点像蓖麻叶。花大，酷似棉花的花，直径可达4～8厘米，黄色花瓣基部红褐色，每片叶腋均着生一朵花。花两性，由下向上逐渐开放。黄秋葵的果实为蒴果，圆锥形，如羊角。果实表面密生茸毛，有棱5～8条，子房5～12室不等，一般蒴果长10～15厘米，横径2.5～3厘米。嫩果为淡绿略带微黄色，单个可食，鲜嫩果荚重25～45克。老熟后变成褐色，种子成熟后蒴果自然开裂，平均每果结种子50～180粒。种子蓝黑色，近球形，直径4～6毫米，千粒重55～75克。

黄秋葵在湖南清明边春播，从播种到子叶出土展开需7～12天。子叶展开后15～20天，第一片真叶展开，以后平均2～4天展开1片真叶，基部的2～3片叶较小，无缺刻或浅裂，近圆形。基部3～8节常发生侧枝。矮秆品种侧枝少，着花节位低，高秆品种侧枝相对较多。着花节位高。播种后50～60天在主茎第3～9节处开放第一朵花。气温高开花节位低，气温低则侧枝发生多，开花节位高。花一般在早晨5时左右开放，10～11时盛开，12时以后开始闭合，至下午3～4时完全闭合，第二天萎缩脱落。早期气温低时，植株生长慢，5～7天开一朵花，至6月下旬以后，日均气温达20℃～25℃时，生长速度加快，2～3天开一朵花。自第1朵花着生后，主茎上每节叶腋都生花。只要阳光和水肥充足，一般开花后都能坐果，如遇阴雨天气易落花。立秋以后，侧枝生长变旺，主茎开花结果放慢，开花后4～7天可采收嫩果，果实成熟约需30～40天，主茎先后结果15～30个不等。

黄秋葵是高温性植物，耐热能力强，喜温暖，不耐霜冻。其种子在10℃～35℃条件下均可发芽，但在30℃为最快，一天即可发芽，25℃～30℃下，48～72小时发芽，12℃以下则很缓慢，且易烂种。生长发育适宜温度为25℃～28℃，在湖南7～8月的炎热时节，只要肥水供应充足，就能旺盛生长，开花结实。黄秋葵在低温条件下生长势很弱，10℃以下几乎不能生长，遇霜冻即受害，叶片枯黄脱落，植株死亡。在湖南只能利用春、夏、秋季栽培。

黄秋葵喜强光，不耐阴，如密度过大，生长期间又不及时摘除老叶，将影响光照，生长不良。黄秋葵植株高大，叶片也大，又多生长在高温季节，蒸发量大，对水分的需求量较大，但其根系发达，且根系呼吸强度大，因此，不需经常灌溉，田间也不可长时间积水。

黄秋葵对土壤条件要求不严，在黏土或砂质土壤中均可正常生长。但在排水良好、土壤肥沃、土层深厚的壤土上的植株生长旺盛，容易获得高产。黄秋葵的吸肥能力很强，施肥应以基肥为主，追肥要氮、磷、钾三要素配合使用。在667平方米产鲜果荚2000千克的条件下，大致需吸氮13.3千克、磷10.7千克、钾12.7千克，与其他蔬菜相比，需磷、钾较多。在进入开花结果期后，由于生长旺盛，要定期追施速效肥。

（二）选地、整地、施基肥

黄秋葵对土壤适应性强，不择土质，但要获得高产优质，必须选择土壤肥沃、土层深厚、排灌方便、光照充足的田块栽培。而且栽培地块应远离玉米、豆类、茄子、马铃薯、向日葵等作物，以免引起虫害。黄秋葵不宜连作，前作最好是果菜类，切忌与棉花等锦葵科作物连作，否则会发生根结线虫危害和其他相同病害。通常前作选择根菜类或叶菜类较合适。一般采用高畦或半高畦栽培，整地应深耕30厘米，整地前每667平方米应施人农家肥4000~5000千克，磷肥40~50千克，钾肥15~20千克，混匀后铺施地面，耕翻入土，耙平整细，做成畦高30厘米、畦宽1.2米，沟宽40厘米。

（三）播种

黄秋葵可以育苗移栽，也可以大田直播，以直播应用较多。

1. 育苗　育苗可在温床、温室、大棚、小拱棚等保护地进行，待断霜后移栽于大田。苗龄一般为30～40天，所以育苗应在当地断霜前一个月左右进行。湖南可在3月上、中旬进行。

最好用塑料营养钵育苗，这样可以保护根系，提高移栽成活率。营养土按菜园土6份，腐熟农家肥（猪粪、牛粪）3份、草木灰1份的比例配制。菜园土要先晒干，然后用筛子筛细。将准备好的菜园土、农家肥、草木灰充分拌匀后，装在直径9厘米的塑料营养钵内，然后整齐地排放在温床、温室、大棚和小拱棚内的苗床上。

播种前，种子先要用55℃的温水浸种20分钟，并搅拌2次，待水凉后，再继续用20℃～25℃的温水浸种48～72小时，浸种过程中，每天要换水2次，至1/3的种子开始露白时捞出播种，每钵播种2粒，播种后覆盖1厘米厚的细土，再在畦面苗床上盖塑料薄膜保温、增湿。播后应保持苗床土温25℃左右，一般经4～5天便可发芽。小叶出土后，应及时将畦面的塑料薄膜揭去，并留壮苗1株，间去弱苗。

出苗后，要注意勤通风换气，降低湿度，苗床温度要保持在25℃以下，以防徒长。至3～4片直叶，露地没有晚霜危害时就可以移栽定植。移栽前一周，在晴天要揭膜通风炼苗。壮苗的标准是：叶色深绿，叶片厚，茎秆粗壮，没有病虫危害。

2. 直播　直播在湖南可在4月上、中旬断霜后进行，由于前作收获的迟早不同，至5～6月仍可播种。每畦播两行，行距60～70厘米，株距50～60厘米，穴孔直径10厘米，每穴播种3粒，播前浇足底水，播后用细土拌点草木灰，覆盖种子2厘米厚。早春温度低，发芽慢，为了提高地温，尽早出苗，可以用地膜覆盖，出苗后及时间苗，缺苗要及时补种或补栽。2～3片真叶时定苗，每穴留苗1株。

（四）移栽

大棚或小拱棚育苗的，在断霜后即可选择晴天移栽定植。移栽时先在畦面开穴，每畦栽两行，行距60~70厘米，株距50~60厘米。高秆品种与肥沃地种植密度要稀，667平方米栽1900~2000株，矮秆品种和瘦地可适当密些，667平方米栽2500~2700株，移栽好后，及时淋安蔸水。不论是直播还是育苗移栽，每穴均留1株壮苗。

（五）田间管理

1. 肥水管理　移栽成活后，前期气温低，淋水过多会影响土温上升，掌握不干不湿的原则即可。到6月份以后的高温季节，植株已进入开花结果期，需水量大，要根据情况每周淋一次透水，在特别炎热的7、8月，气温高达35℃以上，要2天淋一次透水，否则供水不足，易使植株衰老，嫩果品质下降。黄秋葵自定植后，一般需追肥3~4次，第一次在第一朵花开放前，施一次促花肥，667平方米淋施稀人畜粪水700~1000千克；第二次在采收2~3个嫩果，第5~6朵花现蕾时，每667平方米施复合肥20~25千克；第三次在盛果期，以速效肥为主，每667平方米施尿素10千克、钾肥15千克，在8月中旬再施一次秋肥，每667平方米施尿素10千克，防止后期早衰。在缺硼的红壤旱土上种植，还应施点硼砂或喷施硼砂，喷施浓度为0.1%~0.2%，作基肥施用每667平方米用硼砂0.3~0.5千克，与农家肥拌和施下。

2. 中耕除草　移栽成活后，要尽早中耕松土，一般应每7~10天中耕一次，可有助于提高土温。黄秋葵封行前，畦面裸露部分多，又正值杂草萌发季节，要抓住时机，将杂草连根除去。一般可在植株封行前，结合中耕，彻底清除一次杂草，同时在施足花肥后2~3天，结合松土将行间土壤培至植株基部，防止大风大雨时植株倒伏，倒伏后应及时培土扶正，或插树枝扶正。此后的梅雨及高温季节杂草生长很快，要及时拔草，以免草害而影响正在开花结果的植株生长。

3. 植株调整　密植的地块，应及时抹去侧芽，避免形成侧枝，消耗营养。稀植的高秆品种，每株只保留 2～3 个健壮的侧芽发育成枝，其余的都抹除。进入盛期以后，植株叶数增加较快，基部的老叶往往被遮蔽，见不到阳光，这时摘除部分无效老叶，可促进坐果，同时植株基部通风良好，也可减少病虫发生。摘叶还有调节植株长势的作用，但摘叶不可太多，以保留正在结果的节位下2～3叶为宜。

4. 病虫害防治　黄秋葵的抗病性很强，生长的早、中期很少发生病虫害。整个生长期间，要注意防治蚜虫，可用溴氰菊酯类药剂或乐果及早喷雾杀灭。在开花结果期有蚂蚁等危害，应注意防治。

（六）采收

当植株长出约 9 片叶时开始开花，花谢后 4～7 天嫩果长至 8～10 厘米为采收适期，采收过晚，嫩果老化，纤维增多，不能食用。采收时间以早晨为最好，如能冷藏，也可傍晚采收。采收方法可用剪刀剪断果梗，不能用手硬拉，防止伤害植株。

黄秋葵从播种至初收约 50 天，育苗移栽可比霜地直播的初收期提前 7～10 天。在湖南一般 6 月上、中旬开始收获，可持续采收到初霜前，采收供应期长达 4 个月以上。一般单株产量为 1.5 千克左右，667 平方米产量为 1500～2000 千克。在肥水充足的条件下，667 平方米可达 2500～3000 千克。

采收后的嫩果荚，可以立即上市出售，也可以放在冷凉、通风、高湿的房里放存 1～2 天。如要临时贮藏，应在 0℃～5℃的条件下，贮藏时间不得超过 5 天。如需冷藏和冻藏，应先在开水中烫 2～3 分钟，或蒸 5 分钟，全荚或切片冷藏或冻藏。冻藏也可以不经烫煮直接入库。如做成罐头，可将全荚或切片在沸水中煮1分钟，滤干汁液，然后装罐，再将汁液灌入离顶3厘米处，最后将罐头筒放入压力锅中，用10磅压力保持20分钟。也可以脱水干燥后贮藏。方法是将黄秋葵的嫩果荚放在沸水中烫3分钟后，直接放人40℃～51℃的烘箱中干燥3～6小时，取出备用。

（七）留种

应选择健壮的植株，当株高达1.5米高时（高秆种）进行摘心，使营养和水分集中供给果实和种子，促进籽粒饱满。当果荚外部由黄变褐，出现裂沟时，即可采收，晒干后剥出种子，用布袋盛装，挂在通风干燥处备用。

三、食用方法

黄秋葵是以嫩果供食用，食用方法简单，可以凉拌、油炸、煮食、炒食、做汤、酱渍、醋渍、罐藏。

1. 凉拌　将嫩荚去蒂后，放在沸腾开水中烫3～5分钟，捞出，迅速放进凉开水中冷却（如有冰冻水更佳），滤去水分，切成轮形薄片或切成丝，然后根据各人不同的口味加调料凉拌，也可与熟虾肉凉拌。

2. 炒食　先将嫩荚放在沸水中烫1分钟，捞起切丝或切片，可和辣椒丝、甜椒丝、肉丝、鱼片、鳝丝、虾仁、鸡蛋等大火爆炒，待配料快熟时再放进黄秋葵丝（片），滴入几滴醋减少黏滑性，再加适当盐、酱油、蒜、葱、味精等调味品，用火快炒即可趁热食用。其脆嫩可口，并有类似麝香的香味，可以说是色、香、味俱全。也可单独炒食，也别具一格，催人食欲。

3. 做汤　先将鱼或肉类切成薄片，用适量的盐、酱油、白糖、胡椒粉、淀粉、料酒等腌渍数分钟，待水煮沸时，再将鱼片或肉片下锅，快熟时放进预先切好的黄秋葵片，再煮沸片刻即成为味鲜可口的黄秋葵汤。也可在汤中打入一个鸡蛋，口味比丝瓜鸡蛋汤又胜一筹。由于黄秋葵嫩荚含有特有的胶质，是一种天然的炖菜和汤菜，用它可以做成稠的浓汤。

4. 油炸　将黄秋葵的嫩荚切片，裹上玉米粉糊或面粉糊油炸，也可用全嫩荚，裹上玉米粉糊或面粉糊油炸，其鲜美酥香，黏滑减少。

5 油煎　将黄秋葵的嫩荚切片和香肠、香菇、番茄片、洋葱、甜椒一起油煎，作盘菜，或做成风味好的浓汁汤，风味独特。

6. 蒸炖　可配小牛肉片或其他鲜肉片在锅中蒸炖后食用，其味清香可口。

7. 黄秋葵的嫩果荚还可像黄瓜一样，和辣椒做成酱渍、醋渍和泡菜，也独具特色。

8. 黄秋葵的嫩叶、嫩芽、花均可供食用，可炒、可做汤，富有特殊清香风味。

第六节　紫甘蓝

紫甘蓝又叫红甘蓝、红叶甘蓝和紫洋白菜，是甘蓝种中能形成紫色球的一个变种。原产地中海沿岸，发现于 16 世纪，长期以来，由于其纤维较粗，及食用习惯的影响，种植很少。我国于 20 世纪 80 年代初才从国外引进紫甘蓝进行栽培，在我国才 10 余年的历史。近年来，由于我国旅游业的发展，涉外饭店对其需求急增，各大中城市郊区开始种植，并已逐步被人们所认识和接受。

紫甘蓝适应性强，其耐寒性和耐热性均比普通甘蓝强，病害少，结球紧实，色泽艳丽，而且耐贮存、耐运输，营养又丰富。南方除炎热的夏季、北方除寒冷的冬季外，均能栽培。在蔬菜的周年供应上有着重要的意义。是一种颇有发展前景的蔬菜。

一、营养价值与食用方法

紫甘蓝以紫红色的叶球食用，含有丰富的维生素 E、维生素 C、维生素 U、维生素 B_1、维生素 B_2 和少量的维生素 A、维生素 B_6、维生素 B_9，另外还含有花青素甙和纤维素。每百克鲜食部分，还含钙 100 毫克、磷 56 毫克、铁 1.9 毫克。食用紫甘蓝能促进肠胃蠕动，具有促进消化和健美皮肤，以及抗衰老的功效。

紫甘蓝的幼苗、嫩叶及外叶均为绿红色而心叶则为紫红色，由于色泽鲜艳，赏心悦目，能促进食欲。食用方法与普通甘蓝大致相同。可煮食、炒食、、炖食、凉拌、腌渍、泡菜等。由于紫甘蓝质地要比普通甘蓝坚硬，在烹调时要多炒、多煮一下。用紫甘蓝炖排骨，汤亦变成紫红色，风味独特。方法是先将排骨炖熟，然后加入紫甘蓝再炖，待紫甘蓝炖得松软时，即可装盆食用。

当前彩色蔬菜已成了新的时尚，能美容和抗衰老的佳蔬更是人人喜爱。种植紫甘蓝是重要的生财之道。

二、栽培技术

紫甘蓝的生物学特性与环境条件要求，均与普通甘蓝相同。紫甘蓝一般多以春秋两季栽培，为了周年供应，尤其为了满足宾馆饭店的需要，应选择适宜的品种，冬季利用大棚、夏季利用遮阳网栽培，实行分批播种、分批上市，一年四季均可生产。

（一）栽培品种

我国栽培的紫甘蓝均引自国外品种，目前引进的主要品种有：

1. 红亩　从美国引进的中熟品种。植株较大，生长势强，单球重1.5~2千克，667平方米产量为3500~4500千克。从定植到收获80天左右。适于春、秋露地及大棚栽培。

2. 紫甘一号　从国外引进的紫甘蓝品种中选出。株型较大，生长势强，单球重2~3千克，667平方米产量为3500~4500千克。从移栽定植到收获约80~90天。适于春季大棚、露地和夏、秋露地栽培。

3. 早红　从荷兰引进的早熟品种。生长势中等，单球重0.75~1千克，667平方米产量为2500~3500千克，从定植到收获约65~70天。适于春季大棚和露地栽培。

4. 巨石红　从美国引进的中熟品种。长势强，株型大，单球重2~2.5千克，667平方米产量为3500~4500千克，从定植到收获约85~90天。叶球耐贮性好，适于春、秋露地栽培。

5. 紫阳　从日本引进，早熟，单球重1.5~2千克，叶球鲜艳浓紫，春、夏、秋季均可栽培。

（二）栽培季节

紫甘蓝的栽培方式与栽培季节和普通甘蓝相似，主要是秋冬季栽培。但通过分期播种，可实现周年供应。在湖南可分为三个主要栽培季节。

1. 秋冬季　6~8月播种育苗，用遮阳网育苗。7~9月定植，10月至第二年2月上市供应。

2. 春季　9月下旬至10月播种育苗，冬前定植，第二年3~6月上市供应。

3. 夏季　2~5月播种育苗（小拱棚育苗，苗龄30~40天定植，6~9月上市供应。）。

（三）整地施肥

紫甘蓝主根不发达，侧根多，易发生不定根，根系主要分布在30厘米深、80厘米宽的范围内，土层深厚、肥沃，有利于根系的生长。栽培地应选择前作没有种过十字花科蔬菜的土壤，最好前作是瓜豆、茄果类的土壤，前作收获后应及时犁翻，深耕30厘米以上，紫甘蓝对土壤适应性较广，砂壤土、壤土、黏壤土均可，但以接近中性的壤土最适宜。

紫甘蓝是喜肥、耐肥的蔬菜，需肥量大，生长前期需要一定的氮、磷、钾供应，进入结球期需要较多的氮、钾、钙供应。紫甘蓝对磷的需要比一般蔬菜要多，磷肥对它的结球紧实度有重要作用，大部分应作基肥施下。钾肥在生长初期吸收量很少，在收获期吸收量最大，超过氮肥的需要量。紫甘蓝对氮、磷、钾三要素的吸收比例是3:1:4。紫甘蓝对钙和硼亦有特殊的需要。所以，667平方米基肥应施人优质农家肥4000～5000千克，复合肥50千克和硼砂1～2千克。

由于紫甘蓝的根不耐渍，土壤水分过多，排涝不及时，根系因缺氧而受损失，或变黑腐烂，植株感染黑腐病或软腐病，严重时全株枯死。所以在地下水位高的地区及雨季栽培，整地时应做成深沟高畦，畦宽连沟1.5米，种两行，株距40～50厘米。

（四）育苗移栽

1. 育苗　紫甘蓝栽培需先育苗，在不同季节里育苗方法有所不同。秋季育苗6～8月正值高温，还有暴雨的危害，所以要用遮阳网搭棚遮荫育苗。冬季则进行小拱棚或大棚内保温育苗，苗长到5～6片真叶时，即可移栽。

播种量按6.6平方米播种子25克，供667平方米大田使用。当幼苗出土有2～3片真叶时，应进行间苗，拔除徒长苗，长势特强的变种苗或变色苗，保持一定苗距，间苗后追一次清粪水，促进生长，培养壮苗。

2. 移栽　当幼苗有5～6片真叶时，即可移栽。起苗时，应先浇一遍起苗水，多带土，少伤根，以减少缓苗期。定植密度可根据土壤肥力、品种特性灵活掌握，一般早熟品种行株距为50～40厘米，每667平方米移栽3000～3500株；中晚熟品种为50厘米×50厘米，每667平方米2500～2800株。

（五）田间管理

定植后应浇安蔸水，成活后应适当控水，并进行中耕，促进根系生长。进入莲座期，宜浅中耕，移栽后30～40天，莲座期结束，心叶开始内卷，表明开始结球，此时生长量最大，也是需水肥最多的时期，应重施一次包心肥，以氮肥为主，用尿素25～30千克。追肥后，应充分供水，保持土壤湿润，尤其是春旱时，更应增加灌水次数。雨季又要注意排水防涝。

（六）病虫害防治

紫甘蓝在我国种植时间较短，目前病虫害还比较轻，但要贯彻“以防为主，防治结合”的方针。病虫害有：

1. 软腐病　在植株发病前和发病初期可喷200毫克/千克农用链霉素；敌克松原粉500～1000倍液；50%代森铵600～800倍液。

2. 黑腐病　在发病前或发病初期用60%抑霉灵或35%瑞毒霉加50%福美双，1:1混合拌匀，加水500倍。或用农用链霉素200毫克/千克，6～7天喷一次，防治2～3次。

3. 蚜虫　可用40%乐果乳剂1000倍液或50%马拉硫磷乳油1500～2000倍液喷杀。紫甘蓝叶面有蜡粉，应在药液内加0.1%洗衣粉作粘着剂。

4. 菜青虫　用90%晶体敌百虫800～1000倍液，或用50%敌畏乳油1000～1500倍液，或用溴氰菊酯2500倍液喷雾。

（七）采收与贮藏

紫甘蓝采收应根据本身成熟度和市场需求分批进行。采收时应留外叶2~3片，在冷冻、湿润处贮藏，可延长供应期50天左右。

第七节　羽衣甘蓝

羽衣甘蓝是甘蓝中的一个变种，它不结球，是以嫩叶供食用的蔬菜。它原产于地中海沿岸，在欧洲和北美一些国家栽培历史较久，近年来，我国从美、英、荷兰等国引进新品种，在各大城市郊区种植，由于它既具有菜可食的特点，又有花可赏的风姿，深受广大城乡人民的喜爱。

羽衣甘蓝之所以奇特，在于它的叶片边缘之羽状裂片互相覆盖而似皱褶。叶色因品种而异，有紫红或红中间绿，色彩斑斓，状如莲花座的观赏品种，也有叶色深绿作为食用的品种。要是把各个品种的羽衣甘蓝放在一起，就犹如身披霓裳羽衣的仙女聚会，争妍斗艳，形成绚丽多彩的花园异景，不得不让你感到大自然的奇妙。羽衣甘蓝还可进行盆栽，也能生长很好，既能改善环境，增加乐趣，还能尝鲜，是一种不可多得的观赏蔬菜。

羽衣甘蓝喜冷凉的气候，极耐寒，能经受多次短暂的霜冻，而且耐肥、耐瘠、耐热、抗高温，适应性强，容易栽培。加上羽衣甘蓝色泽艳丽，食用口味鲜美，营养丰富，产量较高，供应期长，深受消费者和生产者欢迎，是一种有发展前途的高档蔬菜。

一、营养价值与食用方法

羽衣甘蓝是甘蓝类蔬菜中营养较丰富的一种，含有特别丰富的维生素和矿物质，尤其是维生素A、维生素B_2、维生素C和钙与钾含量高，具有很高的营养价值。有健胃功能。每100

克鲜菜中，维生素 A 的含量可达 1 万个国际单位，接近胡萝卜中维生素 A 的含量。维生素 $B_1$0. 16 毫克、维生素 $B_2$0. 26 ~ 0. 32 毫克、维生素 C 高达 125 ~ 186 毫克，和青椒的维生素 C 含量相当。50 克羽衣甘蓝叶片相当于 3500 克大白菜中各种维生素的含量。羽衣甘蓝中含钙高达 225 ~ 249 毫克，含钾亦高达 367 毫克，磷67 ~ 93毫克、铁 2. 7 毫克。含钙、含钾量远远高于其他种类的蔬菜。含钙高，对老人、孕妇、儿童有特殊作用。含钾高，对预防中风、降低血压、保护心脏有很好的作用。维生素 A 可增强对传染病的抵抗能力，对视力、慢性阻塞性支气管炎的发生均有治疗作用。据美国科学家研究，羽衣甘蓝中还含有一种化学物质，能促进抗癌酶的合成；而且这种化学物质经烹、炒、微波、加热及酸、辣调味均不改变该物质的特性。可以说，羽衣甘蓝是一种营养高而全面的保健蔬菜。

羽衣甘蓝的食用方法很多，做起来都很简单，可用沸水焯后，加调料凉拌，或整叶清炒，可以作馅、作汤，还可作涮料，随你怎么做，羽衣甘蓝都能保持鲜美的颜色，质柔的口感，清新的味道，使你感到它是一种色、香、味俱佳的蔬菜。西餐中主要用于制作色拉，拼成各种美丽的图案，很受消费者欢迎。

二、栽培技术

（一）品种特性

目前我国栽培的羽衣甘蓝品种，都是从国外引进的，分观赏种与食用栽培种。羽衣甘蓝在湖南栽培已有几年的历史了，在酸性红壤上栽培亦能正常生长，叶色艳丽，丰产性能好。

1. 观赏种　羽衣甘蓝的观赏品种很多，叶片艳丽多彩，姹紫嫣红，可作西餐配菜，也可凉拌、炒食，或作馅、作汤，色香味俱佳，独具一格。更多的是作花卉栽培，以美化城市环境，亦可作为家庭养花，美化居室、庭院。品种有红莲花、红牡丹、黄牡丹、白牡丹、紫凤尾、白凤尾等。

2. 食用栽培种　大都选用叶为深绿色的品种。

（1）沃特斯　1987 年从美国引进。耐贮性强，耐寒力很强，耐热性良好，耐肥，采收期长。

（2）阿培达　1988 年从荷兰引进。品质细嫩，风味好，其抗逆性很强。

（3）科伦内　1988 年从荷兰引进。耐寒力强，耐热性高，耐肥水，采收期长。

（4）穆斯博　从荷兰引进。卷叶曲度大而美观，耐寒与耐热力均较强，很少出现黄叶现象。

（5）温特博　从荷兰引进。耐霜冻力强，我国南方地区可作秋季、冬季栽培。

（二）栽培季节及方式

羽衣甘蓝是一种既耐寒又耐热、对温度适应范围较广的蔬菜。在湖南几乎一年四季都可随时播种栽培。通常采用露地栽培。各地可根据具体气候条件、市场需求和蔬菜前后作的搭配情况，灵活安排播种期，排开播种，实现周年生产均衡供应。但羽衣甘蓝以春、秋两季栽培产量最高，质量最好。

1. 春季栽培　可在 2 月上中旬在大棚或小棚中播种育苗，3 月中旬定植于露地大田，4 月中、下旬开始采收上市。

2. 夏季栽培　采用耐热品种，5 ~ 6 月排开播期，直播于露地，采用遮阳网设施栽培，7 ~ 8 月可采收上市。

3. 秋季栽培　可在 8 月中旬采用遮阳网播种育苗，9 月中、下旬定植于露地，第二年 2 月采收上市。湖南各地大多以秋季栽培为主。

（三）播种育苗

羽衣甘蓝一般都采用育苗移栽。苗床宜选择富含有机质的砂壤土，每667平方米施腐熟的农家肥1000千克，深翻混匀，整平地面，作成宽1.2米的平畦。将种子撒播在上面，每667平方米大田需种子40~50克，播后用洒水壶浇足底水，上面撒一层薄薄过筛的腐熟农家肥细粉盖种。早春育苗的，播后可搭小棚增温保湿，或播种于大棚内；高温季节育苗的，可用遮阳网覆盖，降温保湿。当子叶展开后，及时间苗，苗距1厘米，当苗长到2~3片真叶时，进行移苗，株行距10~12厘米。播后30~40天，真叶5~6片叶时，即可移栽于大田。

（四）整地施肥与移栽

羽衣甘蓝对土壤适应性很强，但在耕作层深厚、排灌良好，富含有机质的壤土和砂壤土中栽培．更有利于提高产量和品质；要求土壤酸碱度为中性至微酸性；并要求排水良好，不宜在低洼地块上栽植。

羽衣甘蓝喜肥、耐肥，由于生长期和采收期都较长，需肥量也较多。尤其进入采收期后，必须供应充足的氮素养分，并配合施用适量的钾肥和磷肥。所以在整地时，667平方米应施足优质农家肥3000~4000千克，钙镁磷肥30~40千克，草木灰100千克作基肥。由于羽衣甘蓝怕涝，要求在排水良好的地块种植，主要根群又分布在30厘米的土层中，所以在整地时，应深耕30厘米以上，为了便于采叶和排水，应做成高畦，畦面宽1.1米，畦面应整平，土块要打细。采取种双行，株距视土壤肥瘦为45~50厘米，667平方米栽3000株左右，移栽后浇足安蔸水。

（五）土肥水管理

1. 中耕除草　移栽成活后，应及时中耕除草，以减少土壤水分蒸发，促进根系生长，并消灭杂草。一般在植株封行之前，中耕2~3次，深度为3~4厘米。以后可随手拔除杂草。

2. 肥水管理　羽衣甘蓝适应性很强，即使管理粗放一点，也会有一定收成。但为了获得高产优质的产品，必须供给充分的肥水。一般在定植成活后一周左右进行第一次追肥，667 平方米追施尿素 10 ~ 15 千克，或腐熟的人粪尿水 1000 ~ 1500 千克，以促进茎叶生长，提高产量和品质。以后每次采收后，每 667 平方米追施尿素 10 千克左右。

（六）病虫害防治

1. 霜霉病　发病初期可用 50% 速克灵可湿性粉剂对水 1000 ~ 1200 倍，或 58% 甲霜灵锰锌可湿性粉剂对水 500 倍喷雾。

2. 软腐病　发病初期可选用 70% 甲基托布津可湿性粉剂对水 600 倍，或 70% 代森锰锌可湿性粉剂对水 500 倍喷雾。

3. 蚜虫、小菜蛾、菜青虫　选用 50% 辛硫磷乳剂对水 800 ~ 1000倍，或 2.5% 功夫乳剂对水 2000 ~ 3000 倍喷杀。

（七）采收

一般播后 3 ~ 4 个月即可开始采收，外叶展开 10 ~ 20 片叶时就能开始陆续采收嫩叶，采收部位以心部已展开的 15 ~ 20 厘米嫩叶为宜，每次每株可采收 3 ~ 5 片，留下未成熟的嫩叶继续生长，陆续采收。一般每隔 10 ~ 15 天采收一次。采收宜在露水干后进行。数日后将下层成熟老叶除去，促进上部顶叶继续不断地发生，一般早春和晚秋叶片质地脆嫩，风味好。夏季高温时，叶片较坚硬，纤维较多，风味差。但是可以采取用遮阳网遮荫处理，以缩短采收的间隔时间，减轻叶片老化程度，提高产品质量。

第八节　紫背天葵

紫背天葵是以嫩茎叶供食用的蔬菜，又名血皮菜、观音菜、红背菜、当归菜、红凤菜。是菊科三七草属的半栽培种，为多年生宿根草本，在南方为常绿草本植物。原产我国，在四川、福建、广东、台湾等省均有分布，湖南各地农家的庭院中亦有少量栽培，但不作蔬菜食用，而是作草药用其根作医治跌打损伤用。

紫背天葵适应性和耐高温能力强，是我国台湾省和重庆市等地在炎热夏季上市的叶菜之一。在湖南 7 月、8 月的高温暑季生长繁茂，亦可上市，对调节春、夏季淡季蔬菜有一定的意义。近年来引入北方的华北、东北等，无论在露地或大棚和温室栽培，均能生长正常，是丰富菜篮子的优质品种之一。

紫背天葵生长健壮，病虫害少，栽培容易，可免施或少施农药，生长供应期长，有较高的经济效益和良好的社会效益。作为无公害保健蔬菜，紫背天葵具有广阔的发展前景，亦为农村增加收入的好菜种之一。

一、营养价值与药用功能

近年来，随着科学技术的日益发展和进步，人们对紫背天葵的营养价值和药用功能的研究不断深入，终于发现紫背天葵是一种营养较为全面、药用功能多样的特种营养保健佳蔬。从而引起消费者们的极大兴趣和需求。

紫背天葵主要以嫩梢和幼叶供作蔬菜用，可食率为百分之百。它含有较全面的对人体健康有益的营养成分。据分析，每 100 克鲜菜中，含水分 92.7 克、蛋白质 1.98 克、碳水化合物 2.49 克、脂肪 0.46 克、纤维素 0.88 克。含有多种维生素，其中维生素 C 的含量较高。尤其在所含的矿物质中，含钙高，含钾亦高，微量元素的种类也较多。在 100 克鲜菜中，含钙高达 105～219 毫克，磷约 21 毫克、铁 3.04 毫克、钾 21～34 毫克、镁 1.3 毫克、锰 8.13 毫克，以及铜、锌、钼等。

值得一提的是，紫背天葵含有黄酮甙成分，可以延长维生素C的作用而减少血管紫癜，有提高人体抗寄生虫和抗病毒能力，并对恶性生长细胞有中度抗效。紫背天葵还能治疗咳血、血崩、痛经、盆腔炎、气血两亏、支气管炎、中暑、阿米巴痢疾和用于外伤止血。广东、福建、台湾等地，习惯以紫背天葵作产妇的主要菜谱，用于补血。紫背天葵由于含钙高，含钾亦高，故对儿童生长发育及孕妇和老年人保健，有特殊的营养作用和保健功能。

二、栽培技术

（一）栽培特性

紫背天葵全株为肉质。根粗壮，茎直立，高约45厘米，绿色，节部带紫红色，分枝性强，分枝与茎成45度角；叶互生，叶卵圆形，长约15～18厘米，宽约5厘米，厚约0.1厘米，边缘有锯齿，上部新叶的基部延伸一对类似抱茎的极小裂片，叶面绿色，略带紫色，叶背面紫红色，表面蜡质，有光泽，老叶背面紫色较淡。由于紫背天葵的叶片绿中带紫，颇为好看，故可作为观赏蔬菜栽培，栽于花盆中，置于阳台上。栽培的紫背天葵由于经常摘食嫩茎叶，故很少开花。若不采食嫩茎叶，任其自然生长的，多深秋开花。花为头状花序，花序梗明显高出叶丛顶部，小花在花序梗上呈伞房状排列，花黄色，筒状两性花。瘦果，矩圆形种子，但很少形成种子。

紫背天葵为喜温性植物，耐热，较高温度有利于生长，在湖南炎夏烈日高温的7、8月，仍能正常生长。但紫背天葵不耐寒，健壮的植株可以忍耐3℃的低温，一般在5℃以上时，植株不会受冻。在湖南紫背天葵能自然越冬，但遇到霜冻时，地上部分则枯死。在北方栽培不能在露地越冬，需要在初霜之前连根挖取植株，放在大棚或温室内防寒越冬。在湖南若将其栽培在大棚中，可延长和提早其采摘期。

紫背天葵对光照要求不严，较耐阴，在背阴地方及房前屋后空地栽植、阳台花盆栽植，或在连绵阴雨条件下也能良好生长。但在充足的日照下，生长更为旺盛，有利于提高产量。另外，紫背天葵喜欢湿润环境，土壤水分充足有利于植株生长，产量高，品质好。但也耐旱，在较干旱条件下，仍可缓慢生长。紫背天葵对土壤的适应性很强，极耐瘠薄，即使在石头缝中也能正常生长，但在高产栽培时，应选择肥沃的土壤。紫背天葵主要是收获嫩梢和嫩叶，需氮素最多，其次是钾和磷。在栽培过程中，除施足有机肥作基肥外，生长期间还要多次追肥。紫背天葵栽培技术容易掌握，既适于商品性栽培，也适于庭院中进行盆栽，叶片上青下紫，黄花朵朵，既可观赏，又可食用。

（二）栽培品种

紫背天葵为半栽培品种，栽培历史较短，在生产上还没有明显性状区分的多数品种供选择，就目前栽培而言，其品种主要有两种类型，一为红叶种，一为紫茎绿叶种。红叶种又可分为大叶种和小叶种。大叶种耐热性和耐湿性较差，小叶种较耐低温；紫茎绿叶种耐热性、耐湿性强。

（三）繁殖

紫背天葵虽然能开花，但不易结果，故没有种子来进行繁殖，所以一般采用分株或扦插进行无性繁殖。分株繁殖一般在植株进入休眠或恢复生长前进行，但分株繁殖的繁殖系数低，分株后植株的生长势弱，所以大面积栽培时，常用扦插繁殖。紫背天葵的茎节上易生不定根，扦插繁殖时，从健壮的母株上选用具有一定成熟度的枝条，不宜选过嫩或过老的枝条作插条，插条的长度约 10 厘米，3 ~ 5片叶片，摘去基部 1 ~ 2 片叶，插于苗床，插条应斜插，以利生根。可用土壤或细沙作苗床，扦插株距为6 ~ 10厘米，人土约2/3，经常浇水，覆盖遮阳网保湿，约经 10 ~ 15 天成活。扦插在整个生长期间均可进行，但以春秋两季容易生根。在春天适宜的生长季节，扦插也可以在露地进行。生根成活后即可带土移栽。

（四）移栽

大面积栽培应选择排水良好、富含有机质、保水保肥力强、通气良好的土壤，土壤为微酸性。采用高畦栽培，几乎全年可以移植。667 平方米应施足农家肥 3000～4000 千克，加钙镁磷肥 50 千克，草木灰 100 千克，翻地后做成1.2～1.4米宽的畦。移栽密度可根据地力肥瘦而定，肥地可稍稀一些，在畦面行株距为 50 厘米×25～30 厘米，开定植穴后，将发根的扦插苗栽植穴中即可，每穴可以植单苗，也可以植双苗。667 平方米栽苗 3500～5000 株。紫背天葵也可以栽植在路边、房前屋后和溪边土埂，也可进行盆栽。移栽后浇足安蔸水，以利成活。

（五）田间管理

紫背天葵的适应性和抗逆性都很强，很少发生病虫害，粗放管理，也能生长良好。为了提高产量和品质，保证产品脆嫩，产量高，应做好肥水管理，即在施足基肥的基础上，在开始采收后，应每采收一次，667 平方米追施稀薄人粪尿水 1000 千克，或尿素 7～10 千克。紫背天葵虽然耐旱性强，但充足的水分供应，有利于葵叶生长，提高产量，改进品质。所以在生产栽培上应保持土壤湿润，久旱不雨，亦应及时抗旱淋水。在干旱季节，紫背天葵易发生蚜虫危害幼嫩茎叶，应用杀虫剂及时防治。及时采摘也可减少蚜虫的发生。在家庭阳台上栽培，一时找不到农药，也可用家用卫生杀虫剂喷一下，效果也极好，但喷药后 7～10 天后才能采摘食用。

（六）采收

移栽后，约 25 天左右，当植株长到 25～30 厘米高时，就可开始采收，采收上部嫩叶 7～8 片，长约 15 厘米。露地宿根老莼在3月下旬到4月初便可采收。第一次采收时，在茎基部留2~3节，以后每一叶腋又长出一个新梢，使新发生的嫩茎略呈匍匐状，经半个月后，又可进行第二次采收。从第二次采收茎的基部只留一节，这样可控制植株的高度和株型。在湖南种植，春、秋两季生长快，10~15天采收一次，夏季和秋末冬初20~30天采收一次，667平方米一次采收可达300~500千克，一般采摘的次数越多，分枝越旺盛。

采摘后如不立即食用，可用薄膜包好，在室温下可存放5~6天，如放在低温6℃~8℃条件下，可贮藏10多天。

在台湾省的山区隙地，原有许多紫背天葵，早期穷苦农民经常用作充饥，以后生活水平提高了，就很少有人问津。近年来，台湾省盛行进食野生蔬菜，因为紫背天葵营养丰富而且较全面，病虫害少，符合环境要求，食之安全无污染之虑。故需求量大，台湾省菜农也大量种植，待株高20厘米时，带叶割下，300克扎成一束，置入有扎的塑料袋中，打上品牌，直接进入超市。

三、食用方法

紫背天葵可以加蒜炒食，也可煮食、做汤或凉拌。煮食时先用开水杀青，再加入蒜、酱油、香油等即可食用；凉拌时先用盐处理半小时，再倒去盐水，加入糖、醋即可。也可与菌类素炒，与肉类荤炒，风味独特，且略有茼蒿的芳香，质柔细滑，脆嫩可口，是集营养价值、药用功能与特殊风味于一体的高档蔬菜。

第九节　白扁豆

白扁豆属豆科植物，是峨眉豆中的一个品种。由于白扁豆的茎蔓长达3~5米，且常栽于篱笆下，又叫沿篱豆。又因开花时花色由白变成金黄色，豆粒洁白如银，人们称它为金花银豆。由于白扁豆食味佳，又具多种药用功能，历来是进贡皇帝的“贡品”，故又叫“皇帝豆”。

白扁豆在我国各地农家种植历史悠久，而且多是利用房前屋后、路边地角的空闲隙地零星种植。而今，随着商品经济的发展，人们生活水平的提高，白扁豆也开始以“异军突起”之势，跻身于商品市场，食客日众，逐渐成为宾馆、酒楼餐桌上的佳肴，消费量日增。由于白扁豆栽培管理容易，省工、省成本，利用空闲隙地或成片种植一些白扁豆，也是增加收入的门路之一。

一、营养价值与药用功能

白扁豆营养丰富，每百克种子含蛋白质24.2克、脂肪1.8克、钙56毫克、铁6.1毫克，还有多种维生素。种子口感好，其味可与莲子相媲美。同时还可作滋补佳品，药用价值高。而且药用历史悠久，历代诸家本草均有记述，李时珍在《本草纲目》中说：“白扁豆：气味：甘，微温无毒。主治：和中，下气。补五脏，主呕逆。久服头不白，行风气，治女子带下。解酒毒，河豚鱼毒，解一切草木毒。止泻痢，消暑，暖脾胃，除湿热，止消渴。”从这些药用功能可知：“补五脏，久服白头不老”是指具有抗衰老的作用。另外，“解酒毒、解河豚鱼毒，解一切草木毒”，说的是白扁豆具有广谱解毒作用。当前，由于工业“三废”污染大气、江河、土壤，再加上农业生产中大量施用化肥和农药，各种农产品和畜产品中，含有不少有毒污染物质，严重损害人体健康，而白扁豆却能“解一切草木毒”，因此，食用白扁豆更有益于人体健康。湖南民间常用白扁豆与淮山、胡椒炖猪肚，治胃虚下气和小儿疳积，效果良好。用白扁豆炖胎盘治妇女白带及子宫下垂有特效。英国的《英国医学会报》还向老人推荐白扁豆，因为白扁豆除了含有丰富的蛋白质、脂肪、碳水化合物外，还含有钙、磷、铁、锌和多种维生素，这些对人体肌肉、骨骼以及神经系统颇有裨益。可用来治疗胃肠病及便秘患者，同时对高血脂、高血压以及心血管病患者也有辅助治疗作用。早在20世纪30年代，白扁豆就畅销日本，但货源严重不足。

二、栽培技术

（一）栽培特性

白扁豆在湘中娄底市露地种植，在4月初清明边播种，播种后10天左右出苗，5月底始花，7月初种子开始陆续成熟，从开花到种子成熟约30～40天，花期从5月底一直可开到打霜。由于7月上中旬到8月中旬气温高，故这一段时间所开的花多为不实，很难成荚。8月中旬以后所开之花又能成荚。故7月初到8月初为第一次种子成熟期，8月初到9月中旬则无荚可收，9月中旬到打霜为第二次种子成熟期。

白扁豆为攀缘性草本植物，每节一叶，节间长10～20厘米，节上长一条侧枝和一个花穗，花穗长10～35厘米，每一个花穗开花20朵以上，小花长1厘米，花呈白色，一天后变为黄色，黄色花开一天后，才没花结荚。每个花穗结荚1～8个，荚长6～10厘米，荚宽2厘米左右，形状如眉状，每荚内有种子2～4粒，叶片为三出复叶，小叶长7～12厘米，宽5～10厘米。植株到11月下旬或12月打霜时枯死。其种子呈白色，形如半圆形或肾形，豆粒扁薄，一般豆粒单粒重0.4～0.5克，长1.5厘米，宽1厘米，厚0.3厘米，最大豆粒单粒重达0.6克以上。白扁豆的豆荚非常粗硬，不能作蔬菜食用，但结籽率很高，一般单株可产干籽1.5千克，高产的达3.5～4

千克。

（二）精细整地，适时播种

白扁豆不择土质，并有一定的耐瘠、耐酸和耐旱性，生长期长，长势旺，病虫害少，在肥沃的土壤中单株茎蔓可覆盖3～4平方米的棚架。白扁豆最适合房前屋后、空坪隙地、田头地角单株栽培，还适合阳台绿化盆栽。进行单株栽培时，应先挖一个深宽各50厘米的栽培穴，穴内施腐熟农家肥50千克，人粪尿2～3千克，钙镁磷肥0.2千克，草木灰1～2千克，与穴内土壤拌匀，每穴播种2～3粒，盖腐熟过筛的农家肥或肥土1～2厘米，于4月初清明边播种。也可育苗移栽，育苗时间可在3月中旬，播种后，在苗床上搭小拱棚保温保湿，到3月下旬或4月初就可移栽定植。

如果在菜园内成片栽培，应先进行整地作畦，并打架搭棚栽培，畦宽1.5米，种两行，株距0.5米，667平方米应施农家肥3000千克，钙镁磷肥30～50千克，钾肥5～10千克，作基肥。

（三）肥水管理

在直播齐苗或移栽活蔸后，施清淡粪水提苗，以后结合中耕除草，再施一次人畜粪水，以促苗健长。藤蔓上架后，再重施一次人畜粪水。快采完第一道果荚时，离植株30厘米处，挖穴追复合肥8～10千克，使其发蔓开花结荚。结荚期经常遇到干旱，要及时灌水抗旱。如果豆叶过于茂密，可摘除部分老叶，以利通风透光。上架后，中耕除草以浅锄为宜，并将杂草覆盖土面，起保水防旱的作用。

（四）搭架扶苗，植株整形

当植株长到10～15厘米高时，即插2米长的竹子，或木条搭架扶蔓，白扁豆藤叶多，为了防止暴风雨而倒架，应将每畦支架打成篱笆，增加牢固性。第一花序以下的倒枝长出腋芽时，要彻底抹去，以保证主蔓粗壮。主蔓第一花序以上各节位的侧枝都应在早期 2～3 叶时摘心，保留摘枝上的花序；第一次成荚期后，植株顶部 80～120 厘米原开花节位上还会再生侧枝，也摘心，保留其侧枝花序；主蔓长到18～22节（达2～2.2米高）时也要摘心，促进其下部侧花芽形成。至于在空坪隙地的零星栽培的单株，则可顺其自然生长，不必整枝。

（五）灭鼠治虫

老鼠很喜欢吃白扁豆，播种时，用锌硫磷拌种，防鼠害和地下害虫，结荚期要进行 1～2 次毒鼠。地老虎用 90% 敌百虫 500～600 倍液灌根杀灭；蚜虫用 40% 乐果乳剂 1000 倍喷杀；花期用敌百虫 500～800 倍液喷洒 2～3 次，以防豆荚螟危害。

（六）适时采收

白扁豆是以采收成熟的豆粒为主，当然也可以采收嫩豆粒出售。成熟豆粒的标准是：当豆荚成棕黄色，豆粒与豆荚间的白色薄膜消失后及时采收。过早采收产量低，过晚采收豆的光洁度差，并有部分霉烂，降低产品品质。

三、食用方法

白扁豆是以鲜豆粒和老熟豆粒供食用。鲜豆粒可做成各种炒菜和做汤，味道极为鲜美。老熟豆粒可与排骨、鸡炖食。也可先煮酥，然后做凉拌菜，亦可与酱瓜同炒，加上酱瓜质脆入味，白扁豆细嫩清口，酱色与绿白相间，清香可口，诱人食欲，在夏季的餐桌上不可少之；老熟的白扁豆煮酥后磨细再加红糖，可制成豆沙，比赤豆沙还细腻，可作汤圆等馅。白扁豆也可与粳米一起煮粥吃，具有健脾之功，对脾胃毒虚、食少呕逆、夏季泻痢或烦渴颇有效。夏秋季喝些扁豆粥，既防暑，又能防治湿邪困脾。

第十节 四棱豆

四棱豆亦称翼豆、翅豆、四角豆，是豆科四棱豆属一年生，热带为多年生缠绕性藤本植物，其嫩荚、嫩梢、嫩叶供食用，在热带块根亦可供食用。

四棱豆原产热带非洲或东南亚。有近400年的栽培历史，巴布亚新几内亚和缅甸有较大规模生产，东南亚、印度、孟加拉和斯里兰卡也广泛栽培。由于四棱豆含有极丰富的营养物质，用途广泛，近年来已引起美国、印度等70多个国家的重视，各国陆续建立了专门的科研机构，并于1978年在菲律宾召开了第一次国际性的学术会议，研究四棱豆的栽培、加工利用。可以预见，四棱豆作为一种新兴蔬菜具有广阔的发展前景。

我国栽培四棱豆的历史已有100多年，主要产地在广东、海南、广西、云南和台湾等省（区），1989年在全国范围推广试种。先后在湖南、浙江、江苏、安徽等省试种成功。近几年，由于对外开放，以及人民生活水平的提高，对特种蔬菜品种的需求大增，北方地区也陆续试种栽培四棱豆，表现良好，种植面积将会逐步扩大。

一、营养价值和食用方法

四棱豆所含营养物质极为丰富，作菜用的嫩荚每百克鲜重含水分89.5～90.4克，蛋白质1.9～2.9克，碳水化合物3.1～3.8克，脂肪0.2～0.3克，纤维素0.8～1.2克，维生素$B_1$0.1～0.2毫克，维生素$B_2$0.1毫克，烟酸1.2毫克，维生素C20毫克；矿物质含量也很丰富，其中含钙53～236毫克、磷26～37毫克、铁12毫克、钾205毫克、钠3.1毫克，是一种难得的高钙、高钾、低钠的好蔬菜。每百克嫩叶含水分 85 克、蛋白质 5 克、脂肪 0.5 克、碳水化合物 8.5 克、灰分 1.0 克、钙 134 毫克、磷 81 毫克、铁 6.2 毫克、维生素 C29 毫克、维生素 $B_1$0.28 毫克。块根营养价值也很高，每100 克块根中，含水分51.3 ~ 67.8克，蛋白质 8 ~ 12 克，为马铃薯块茎蛋白质含量的 4 倍。还含脂肪 0.1 ~ 0.4 克，碳水化合物27.2 ~ 30.5 克，纤维素 1.5 ~ 1.6 克。含有多种维生素，其中维生素 C 含量为 26.2 毫克。在所含的矿物质元素中，钙为 25 ~ 40 毫克、磷 30 毫克、铁 0.5 ~ 70.6 毫克、钾 550 毫克、锌 3.4 ~ 4.4 毫克。四棱豆的种子，更是营养食品，100 克干种子中含水分 8.5 ~ 14 克，蛋白质高达32.4 ~ 41.9克，脂肪 13.1 ~ 13.9 克，特别是含有丰富的维生素 E，高达 100 毫克，以及大量的钙、磷、铁、钾、镁等对人体健康有益的矿物元素及多种人体必需的氨基酸。每 100 克四棱豆豆油中含维生素 E23 ~ 44 毫克，有的品种高达 130 毫克。

四棱豆各种营养器官均可作菜用，食用的方法也很多。嫩豆荚可以鲜炒、水煮后凉拌、盐渍、做酱菜；嫩叶、嫩茎梢可炒食、做汤；块根可鲜炒，制作干片，味道都很鲜美。块根和种子又能蒸煮或烘烤食用或作粮食，豆粒还可榨油，又可作豆芽食用。常食四棱豆对人体有良好的保健和抗衰老的作用，所以又有“长寿菜”之美誉。

四棱豆的叶片、豆荚、种子及块根均可入药，种子富含维生素 E，对动脉硬化、冠心病、脑血管硬化、肝功能障碍、贫血以及预防衰老，都有治疗作用。块根性凉，味微甜涩，主治咽喉痛、齿痛、口腔溃疡、泌尿系统炎症及高热等。叶可作眼疾的外敷剂，豆荚又可清热解毒。

老落叶是优质饲料。四棱豆的根系发达，容易形成根瘤，其固氮效率很高，是良好的绿肥覆盖作物。因此，有人称四棱豆是“绿色的金子”、“有前途的作物”和“奇迹植物”。

二、栽培技术

（一）栽培特性

四棱豆根系发达，主根和侧根膨大后形成胡萝卜状块根，根上有较多的根瘤，固氮能力强，主根入土深达70厘米，但主要根群分布在10～20厘米的土层内。茎蔓缠绕生长长达3～5米，分枝性强。叶为三出复叶，互生。花为腋生，总状花序，一个花序上着花2～10朵。四棱豆荚呈带棱的长条方形四面体，故称四棱豆。嫩荚绿色，棱缘翼状，有疏锯齿，所以又称翼豆。荚果长15～20厘米，宽2.5～3厘米，内有种子10～15粒。种皮有白色、黄色、褐色、黑色等。千粒重250～300克。

四棱豆性喜温暖，不耐霜冻，种子发芽适温为25℃左右，15℃以下和35℃以上发芽不良。在湘中娄底市栽培，4月上旬播种，6月上旬开花，6月中下旬第一批嫩荚可摘食。到7月份由于气温高，开花少，7月份以后，进入第二次开花结荚盛期，8～11月为嫩荚采收期，到打霜时，植株枯死。

目前，我国栽培上应用较多的品种为印尼品系，但各地栽培面积不大，一般多为零星栽培，以采收嫩荚为栽培目的。如进行大面积栽培，既可成片单种，也可与其他作物间作套种。

（二）整地作畦

四棱豆对土壤要求不太严格，耐瘠薄，适应性也较强，田边地角、房前屋后的空坪隙地均可种植，但在板结的黏重土壤中生长不良。在土层深厚、富含有机质、肥沃疏松的砂壤土栽培，容易获得嫩荚的高产与优质。所以，应选择排灌方便、土层深厚、肥沃疏松的沙土、壤土种植。由于四棱豆怕涝，播前或定植前，土壤应深翻30厘米，并做成1.2米宽、高20～25

厘米的高畦，畦间留沟25～30厘米宽，双行种植，按60～70厘米株距挖穴。

四棱豆生长前期需磷、氮较多，开花结荚需钾、氮较多。全生育期需钾较多，氮素次之，磷再次之。由于四棱豆在生长发育过程中，后期固氮能力较强，除在苗期少量施用氮肥外，应以有机肥和磷肥为基肥，营养生长期少施氮肥，防止茎蔓生长过旺，开花以后，适当施用磷、钾肥。在播种前，667平方米应施用农家肥2500～3000千克，钙镁磷肥50千克，草木灰100千克，混合均匀后翻耕于土中作基肥，或施于定植穴内作基肥。

（三）催芽播种

1. 浸种催芽　四棱豆播种前要精选种子，除水选外，有必要的还可进行粒选，并且做发芽试验。播种前，选晴天晒种2～3天使种子含水量一致，出苗整齐，并可灭除种子表面病菌。

四棱豆种皮较厚而且致密，吸水困难。一般采用浸种催芽，破脐后播种，提高发芽率。浸种催芽的方法是，先把四棱豆在温水中浸24～48小时，半天换水一次，然后在28℃～30℃的温度下保温催芽。芽出齐后播种。如嫌浸种时间过长，可先将四棱豆的种子，用锋利的小刀削去一小块种皮，或将种皮划破2～3个痕迹，使之吸水快，这样浸种8～10个小时，就可催芽。

2. 播种　四棱豆露地播种的播期，一般应在气温稳定通过18℃开始播种，湖南的播种期为4～5月，若用地膜覆盖，播种时间可提前7～10天。

四棱豆主要采用田间作畦挖穴点播或育苗移栽。穴内施腐熟的农家肥和磷、钾肥作基肥，并与穴内土壤拌匀，每穴播种2～3粒，播后用腐熟的有机肥拌肥土盖种1～2厘米厚，一般播后7～8天幼苗相继出土。

（四）田间管理

1. 补苗和间苗　幼苗出土后，要及时到田间观察，发现缺株应及时补种，以确保齐苗。当幼苗长到7～8片叶时，进行定苗，拔除弱苗和畸形苗，选留生长健壮的正常苗，每穴保留一株。

2. 中耕除草和培土　出苗后的一个月内，幼苗生长缓慢，结合除草，进行二次浅中耕，以松土保水，提高地温，促进根系下扎和幼苗生长。大抽蔓开始后再中耕1～2次。当枝叶旺盛生长后，植株迅速封行，可停止中耕除草，但须进行培土，以利于地下块根形成，培土高度约15～20厘米。

3. 支架引蔓和植株调整　四棱豆攀缘性强，出苗后30～40天抽蔓开始后，应及时用竹竿或木棍支架，可搭成三角架、四角架或人字架，架高1.5米，使茎蔓均可分布于架上。架要搭牢，以免暴风雨来时吹倒。

四棱豆的主蔓生长旺盛，侧枝也较发达，进入开花结荚期，同时有茎叶继续生长和块根膨大，争夺养分激烈，也容易造成田间郁蔽，必须及时整枝。一般从10叶期开始进行摘心打顶，以促进低节位分枝。在现蕾开花初期，还要及时除去第2、第3次分枝和生长过旺的叶片，以保持群体的通风透光，以节约养分，提高坐果率。

4. 肥水管理　四棱豆施肥要以基肥为主。因根瘤菌固氮能力较强，生长期间不宜追施氮肥，防止贪青而影响产量。一般在现蕾开花初期进行追肥，667平方米施过磷酸钙20～30千克、氯化钾10～15千克，进入开花结荚盛期，如植株有缺肥现象，可用0.1%～0.15%的磷酸二氢钾水溶液进行叶面喷施，防止早衰。

四棱豆喜湿润，但忌雨涝，在水分管理上，除追肥后应及时灌水外，还应经常保持田间湿润，防止干旱，但每次灌水量不宜太大，雨季要注意排水，在7~8月份，气温高，降雨少的情况下，畦面可铺盖一些杂草以保蓄土壤水分，防止过度蒸发。

（五）病虫害防治

四棱豆的抗性较强，病害发生较少，主要是虫害。前期主要有蚜虫和地老虎，后期主要是豆荚螟危害。

1. 地老虎　消灭幼虫（3龄前），可用2.5%敌百虫粉剂喷粉，667平方米1.5~2千克，或加10倍细土制成毒土，撒在植株周围。此外，还可用敌百虫晶体1000倍液，或50%辛硫磷乳剂800倍液，或20%杀灭菊酯乳剂3000倍液喷雾防治。

2. 蚜虫　可用50%避蚜雾可湿性粉剂2000~3000倍液，或50%马拉硫磷乳剂1000~2000倍液，或40%乐果乳剂1000倍液喷雾防治。

3. 豆荚螟　在四棱豆现蕾和开花期，每10~15天喷一次药，可用90%敌百虫晶体800~1000倍液，或用50%杀螟松乳剂，或50%辛硫磷乳剂800~1000倍液喷雾防治。

（六）采收与留种

四棱豆既可采收嫩叶、嫩梢、嫩荚和块根作菜，也可采收老熟的豆荚。

嫩叶可在展开后及时采收，嫩梢可在尚未硬化时采摘，也可结合摘心，整枝时采收。但叶片不宜采收过多，以免因光合面积减少影响植株和豆荚的生长发育。采收嫩荚必须适时，一般在开花后12~15天，豆荚色绿柔软，尚未硬化时采收作菜用最好。切忌采收过迟，因纤维增加，荚壁粗硬，品质变劣不能食用。在稀植情况下，通常每株可产嫩荚15~25千克，一般667平方米产鲜嫩荚1500~2000千克。采收老熟豆荚，可在开花后40~50天豆荚变褐色，在基部干枯时，应及时采摘老荚，防止采收过迟，豆荚自然开裂。采后摊晒脱粒，晒干贮藏，667 平方米产干豆粒可达 150 千克以上。

在湖南种植的四棱豆，块根纤维多，不能食用，这是因为气候原因所致。

四棱豆留种，可在田间选留生长健壮，开花结荚早，产量高的植株。当豆荚变成褐色，并基本干枯时，可分批采收，并摊晒脱粒，种子干燥后，用布袋贮存备用。

第十一节 藤三七

藤三七别名洋落葵、落葵薯、藤子三七及川七等。属落葵科，多年生蔓生植物。以珠芽和叶片供食用。藤三七，原产巴西，我国云南、四川、湖北、台湾等省均有少量栽培。广州市于 20 世纪 90 年代才引进栽培，湖南省娄底市郊区民间早已有零星种植，并以其珠芽炖鸡食用，具有滋补功能。藤三七适应性强，长势健壮，容易种植，而且采摘期长，尤以春秋两季生长旺盛，栽种后，连续可采收几年。是一种很有开发价值的野味保健蔬菜新菜种。

一、营养价值与药用功能

藤三七营养丰富，尤其是维生素 A 含量较高，每 100 克鲜叶含 5644 国际单位，而且具有药用价值，有滋补、壮腰膝、消肿散淤及活血等功效，在抗炎症及保肝方面有良好效果。《全国中草药汇编》中说：藤三七“微苦、温。滋补，壮腰膝。外用消肿散淤，主治腰膝痹痛，病后体弱。外用治跌打损伤、骨折”。

二、栽培技术

藤三七在湖南各地均可露地栽培，以春季栽培为主，也可秋、冬大棚栽培，均衡供应上市。

（一）栽培特性

藤三七为肉质小藤本，茎圆形，嫩茎绿色，以后变成棕褐色，节间处易发生不定根。茎蔓长2~3米。叶互生，肉质肥厚，心脏形，光滑无毛，有短柄，在湘中娄底市栽培，最大的叶片长10厘米、宽8厘米，厚0.1厘米，重4克左右。叶腋均能长出直径3~4厘米的瘤块状的绿色珠芽，地下根部也能长出重达60余克一个的块茎（珠芽团），而且有点像云南三七，故名藤三七。夏季期间自叶腋上方抽生穗状花序，花序长达20厘米，花小下垂，花冠五瓣，白绿色，花期长达3~6个月，但不结实，很难获得种子，故一般利用珠芽及扦插等无性繁殖方法进行繁殖。藤三七喜温暖，耐高温高湿，生育适温为25℃~30℃，但耐寒力差，打霜时地上部分枯死。藤三七对土壤适应性强，而且根系发达，耐旱力强，在酸性红壤旱土中能生长正常，但在砂壤土中栽培能获得较大的地下块茎（珠芽团）。

（二）育苗

1. 珠芽育苗　在已成长植株的叶腋摘取珠芽，或在茎基部摘取珠芽团，如用珠芽团则需剥离成单个珠芽，直接种于苗圃，或花盆中，珠芽之间相隔3~4厘米，上盖一层薄薄的肥土，以覆盖珠芽为度。育苗如在秋末冬初，可在苗圃上搭盖小拱棚，盖上农膜保温保湿，约20~25天即可长根成苗。但摘取珠芽繁殖，最迟应在打霜前进行，如摘得太迟，珠芽遭到冻害而腐烂。

2. 扦插繁殖　从植株的上中部节间较短的部位，切取双节带叶的枝条作插穗，苗床宜用疏松无污染的壤土或砂壤土，按7~10厘米的见方扦插，上面一节带叶，另一节插入苗床内。如在夏季扦插，苗床上搭小拱棚覆盖遮阳网遮阴；秋末扦插可在苗床上覆盖农膜保温保湿，温度控制在20℃~25℃范围内，7～8天后就长出新根，20天左右成苗，即可移栽定植。

（三）移栽

藤三七农家大多栽植在墙边、篱旁和树下，零星种植，任其在墙上、篱上和树上攀缘生长而摘叶和珠芽食用。若成片种植，由于藤三七根系发达，入土深，植株生长繁茂，加之收获期长，故需肥量大，故宜选择土层深厚、排水良好的砂壤土或壤土，施足基肥。最好选择前作是冬闲地或越冬菠菜地，冬季进行深耕，深度要在30厘米以上，667平方米施农家肥3000～5000千克，复合肥30～40千克，结合深耕，翻入土中作基肥。并做成宽1.2～1.4米的高畦，当地温稳定通过10℃以上时，选晴天进行定植。每畦栽两行，株距30～50厘米，667平方米栽2000～2800株。

亦可在阳台上进行盆栽，扯上几条绳子供其攀缘，既可摘叶取食，又可供观赏，由于没有病虫危害，不需要打农药。由于藤三七生长繁茂，必须保持盆内土壤湿润，间1～2天可用淘米水淋一次即可，不能在盆内直接施用化肥，以免死苗。

（四）田间管理

1. 肥水管理　移栽后，淋一次安蔸水，成活后再淋一次活蔸水。藤三七虽然耐干旱，但生长势强，蒸发量大，要使叶片肥大，产量高，需要经常追肥淋水。每采收两次叶片后，应追施一遍稀粪水，或尿素5千克。阳台上盆栽的，到气温高的6、7、8月份，每天都淋一点水。

2. 搭架　当苗高30厘米时，要及时搭人字架绑蔓引蔓，使其攀缘，同时摘去顶芽，促进萌发。到了夏季高温季节，可采用遮阳网遮荫，抑制芽分化，延长植株营养生长，增加产量和提高品质。也可进行不搭架、不留蔓栽培，当蔓长到25～30厘米时，摘去梢端，让它在地面上长叶。

3. 冬季管理　藤三七在湖南栽培，到11月打霜时，可将地上部分平泥割去，结合清沟，将裸露的头和块茎覆盖过冬。藤三七虽然可以连续采收几年，但以2～3年更新一次为好。到开春发芽前，挖穴施用腐熟有机肥，以促进幼芽生长。

（五）病虫害防治

藤三七的叶片略具清凉之苦味，故虫害很少。病害有两种。

1. 蛇眼病　一般多在春季雨水较多时发生。主要危害叶片，叶斑近圆形，初为紫褐色，后逐渐发展成边缘紫褐色，中央黄白色至黄褐色，稍凹陷，质薄，后期易破裂穿孔，其上产生不甚明显的小黑点，严重时病斑密布，完全丧失食用价值。此病是由真菌侵染所致，除了避免连作外，还要适当密植，适量增施磷、钾肥。发病初期选用70%甲基托布津可湿性粉剂对水600倍；或75%百菌清粉剂对水800倍；或50%敌菌灵可湿性粉剂对水500倍喷雾，每10天一次，连续防治2～3次。

2. 灰霉病　藤三七灰霉病多见于植株生长中期，主要危害叶和叶柄，初期呈水渍状斑，适宜温度条件下，迅速蔓延致叶萎蔫腐烂；茎和花序染病，引起褪绿水渍状不规则斑点、斑块，最后茎易折倒或腐烂。病部见灰色霉层，发病初期喷洒50%速克灵可湿性粉剂对水1500～2000倍；或50%农利灵可湿性粉剂对水1000倍，或36%甲基硫菌灵悬浮剂对水500倍喷雾。

（六）采收

藤三七定植后30～40天，即可随时采叶，2个月后进入盛产期，平均每株可采叶片300～400克，一直可采收到打霜前，采收期长达6个月。藤三七以采收叶片为主，大面积栽培时，以清晨或上午采摘为好，叶片较耐贮运。鲜叶采摘后用保鲜膜袋包装，置于5℃温度下，可保存7～10天。

三、食用方法

藤三七叶片的食用方法有多种，可凉拌可爆炒，可作汤。

作凉拌时，可先将叶片用开水稍焯一下，再与其他调料一起拌食。或配以姜丝用油爆炒，或与肉丝、腰花、肚片等一起炒食。若与肉丝或鸡蛋作汤，口感清爽脆嫩，独有风味。珠芽可做汤，或与鸡肉、排骨炖食，有滋补作用。嫩梢和叶片还可作火锅蔬菜食用。

第十二节　槟榔芋

槟榔芋又名香芋，属天南星科，魁芋类型。是芋类中品质最佳的食用芋。

槟榔芋植株高大，子芋较少而小，仅作繁殖用；以食母芋为主，母芋长圆筒形或炮弹形，形似槟榔而得名。种芋发芽后，形成新株，新株茎基部的短缩茎随着植株生长，逐渐膨大而形成球茎，称之为母芋。种芋因营养物质逐渐消耗而干缩，甚至腐烂。母芋基部茎节的腋芽，可发育成匍匐茎，在其顶端膨大形成子芋。槟榔芋的根为白色肉质纤维根，着生在母芋及子芋下部节上，根毛少。叶互生，叶片阔，为盾形。

槟榔芋喜高温，生育期长，仅能在亚热带无霜期长的地区种植；性耐肥，要求种植在土质肥沃的田地，除施足基肥外，还需多施追肥；喜湿润而不耐干旱，应种植在近水源、排灌方便的田块。槟榔芋以广东、广西、台湾，及福建中、南部栽培较多，但以广西南部的荔浦芋最为著名。长江流域也有零星栽培。湖南的江永、祁东、祁阳产区是“江永香芋”的集中产地。

一、营养价值

槟榔芋的特点是球茎似槟榔，草酸含量比其他芋类少，肉质呈紫红色，淀粉含量高，肉质紧密、细软，香味浓，品质佳，独具香、粉、酥、糯、软、鲜六大特殊风味，营养十分丰富。是餐桌上的美味食品，也是制作糕点的上等原料，久负盛名，为蔬菜中的珍品。据测定：槟榔芋含淀粉74%～82%、蛋白质5.0%～9%、糖4.0%～5.7%。芋的每100克食用部分，含维生素及矿物质成分为：胡萝卜素0.02毫克、硫胺素0.06毫克、维生素$B_2$0.03毫克、尼克酸0.7毫克、维生素C4毫克、钙19毫克、磷51毫克、铁0.6毫克。

槟榔芋经济价值高，一般每蔸重1千克，大的可达3～4千克，667平方米一般产1500千克，高产的可达3000～4000千克，经济收入高，产品畅销国内外市场。发展槟榔芋生产，也是农村致富的新途径。

二、栽培技术

（一）主要良种

我国槟榔芋的优良品种很多，如湖南的江永香芋、广西的荔浦芋、广东槟榔芋等。

1. 江永香芋　江永香芋也叫槟榔芋，是200年前从广西荔浦引进，经过长期栽培，加以选择培育而成的地方品种。由于以江永县桃川栽培最多，品质最佳，故又称桃川香芋。桃川香芋又依形态、品质和产量的差别分为三个品种——槟榔芋、荔浦芋、焦芋。品质以槟榔芋和荔浦芋最好，栽培最多。槟榔芋生育期190～200天，株高115～130厘米，肉质粉，香味浓，单株产量1.5～2千克，667平方米产量1000～1200千克。荔浦芋生育期200余天，株高130～150厘米，肉质粉，香味浓，单株产量2～1.5千克，667平方米产1500～2000千克。

2. 广西荔浦芋　相传200多年前从福建引种，首先种在荔浦县城郊而得名。广西各地均有栽培，但以荔浦县为最多，是广西传统北调外运出口的优良品种之一。生育期240～270天，株高1.5米，肉质粉，具香味，单株产量2～3千克，667平方米产1000～1500千克。

3. 广东槟榔芋 产地广东，生育期210～280天，肉质粉，具香味，母芋大者1.5～2.5千克。

此外，槟榔芋的良种还有福建槟榔芋、云南红芋等。

（二）轮作间套种

槟榔芋在湖南作一年生栽培，连作病害严重，应实行3～4年轮作。由于槟榔芋前期生长慢，为了发挥土壤的利用潜力，最好采取与其他作物间种。江永一带菜农习惯在春季与辣椒、春豌豆、烤烟、黄瓜、番茄等间种；秋末与葱、蒜或小白菜间套种。槟榔芋是一个适合间作的作物。通过间作，达到一地多用，充分发挥土地与温、光、水、人力的生产潜力。

（三）选种育苗

槟榔芋用地下小球茎（子芋）作种繁殖。一般应选择生长健壮、无病虫害，单个重50克以上，大小均匀一致的子芋作种。种芋较大者，当年收获的产量较高。选择背风向阳、排水良好的肥沃旱土做苗床，苗床宽1～1.3米，苗床长短随种芋多少而定，施入腐熟人粪尿作基肥。3月中、下旬至4月上旬（春分至清明时节）将种芋取出，依次按33厘米距离排放在苗床上，用肥土盖没种芋，然后盖上稻草保温催芽。经过15天左右，芋芽拱土时，将稻草揭去，并浇泼10%的腐熟人尿水，促长新叶，当有一叶一心或两片小叶时，即可取苗移栽。

（四）整地移栽

种芋地应选择水源较好、排灌方便、土质肥沃的田土，于年前落干田水，将土壤翻耕成砖块状，让其日晒雨淋，冰雪霜冻，达到自然风化。4月上中旬（清明至谷雨）定植为宜。先将田土整平整细，开沟作畦，畦宽2.7～3米，畦沟宽35～40厘米，并开好腰沟和围沟，做到沟沟相通，排灌自如。然后在畦面上按65厘米×65厘米的株行距挖穴，穴深约25厘米，穴内施人腐熟猪牛粪，并与穴内土壤拌匀。然后起苗进行移栽定植，定植时将种苗成40°～45°的倾斜栽人穴内，然后每穴放一碗发酵过的火土灰或黄土压住种苗基部，以保温保肥，667平方米用量1500千克。移栽定植后一段时期内，要注意排水，防止沟中积水，引起种苗腐烂。发现缺苗，应及时补苗，保证全苗。

（五）田间管理

1. 科学追肥　槟榔芋耐肥且生长期长，故需肥量大，除施足基肥外，必须多次追肥。具体要求是：当苗高约25厘米时，667平方米用尿素5千克，对水浇施。第二次重施有机肥，667平方米施腐熟的猪牛粪1500千克，放入穴中芋苗四周，并用土杂肥结合培蔸，促芋苗迅速长大，为球茎膨大打下基础。6月下旬（夏至前后）667平方米施尿素10千克，过磷酸钙50千克，发酵过的菜饼40千克；7月上、中旬，每667平方米施尿素15千克，钾肥10千克；8月上、中旬，每667平方米施尿素5千克，并拌经过发酵的磷肥25千克。这三次追肥是为了促使球茎迅速膨大。9月上、中旬再追一次肥，防止早衰，延长叶片功能，增加产量。科学施肥必须看苗追肥，一次不能施得过多，以防叶片贪青，不利球茎的膨大。

2. 合理灌溉　4月下旬至6月下旬（谷雨至夏至），应保持土壤湿润，以利苗叶生长。7～8月间高温干燥，水分蒸发量大，应保持半沟水或满沟水，使中层土壤湿润，以防芋叶受旱枯萎，引起早衰。切忌干旱和脱水过早，否则不利苗叶生长和球茎膨大，影响产量和品质。

3. 培土垒蔸　从5月下旬以后（小满以后），每施肥一次，结合中耕除草，培土垒蔸一次，特别是7～8月份，要清沟培蔸筑高畦，以免球茎外露。坚持多次用土杂肥培土，有利于提高抗旱、抗病能力，促使球茎生长均匀，外形美观，品质好。

（六）病虫防治

1. 病害　槟榔芋的主要病害是腐败病或芋疫病。防治措施除实行轮作，选用无病种芋，防止土壤过干过湿外，可在发病初期喷波尔多液或65%代森锌600～800倍液防治。

2. 虫害　槟榔芋的主要虫害有斜纹夜盗蛾、芋青虫和蚜虫，可人工捕捉或药物防治，常用40%乐果乳剂800～1000倍或90%晶体敌百虫1000倍液喷杀。

（七）采收与贮藏

1. 采收　槟榔芋一般在10月下旬至11月上旬（霜降至立冬）收获，产量高，耐贮藏。槟榔芋收获前，先离地6.5厘米高割掉芋苗，然后用耙头分蔸挖取，除掉母芋上的泥土和须根，让其风干后放人地窖中贮藏或上市出售。

2. 贮藏　槟榔芋耐贮藏，无论种芋还是商品芋，只要贮藏得当，都可完好保存至第二年4～5月份。留种应选择母芋中部着生的茎顶充实、个体粗壮、大小一致、无侧芽、无病虫害、无创伤的子芋贮藏。商品芋贮藏应选择形状正，球重1～2千克，无病虫、无创伤的母芋。一般采用地窖贮藏法，贮藏前先将地窖消毒，用茅柴将地窖猛烧一次（限室外地窖），也可在窖内均匀撒上硫磺粉或石灰粉。消毒后，将晾干的槟榔芋放人坑内，上面铺好稻草，再覆土25～30厘米。

三、食用方法

槟榔芋的食法很多，如江永桃川香芋，可供煎、炸、烹、煮、烧、烩、炒，能做成多种佳肴美食。有“一家煮食，半街飘香”的俗话。

广西的荔浦芋是槟榔芋的优良品种之一，但在广西菜谱上甚少以芋头做的菜，却多见于广东和福建。如广东潮州菜“芋泥金瓜”，是将芋泥拌入白糖、猪油、糯米粉，调入黄色食用色素，包入猪油丁、甜豆沙作馅，做成南瓜模样，通体刷上猪油，再蒸20分钟，浇上糖水芡便上席。当然也可以制成其他任何一种瓜果的形状，改叫为“芋泥××”便行了。福建菜中有“桂香芋泥”，是将芋泥加猪油搅拌，至起泡后加入冰糖沫、白糖、奶油、桂花，搅匀，装碗蒸10分钟，待芋煊起，加点青红丝装饰便行了。此菜北京有的饭店供应，家常也可制作。

广州有用芋泥做饺子，称为“芋角”，方法是以芋泥和面拌匀作皮，包馅经油炸而成的饺子。由于制法或馅料的不同，品种不少。如“鸡烂芋角”、“蜂巢芋角”、“双皮芋角”、“灌汁芋角”等，因为多用荔浦芋，或称“荔浦芋角”。广东以芋作菜的品种还有，如“网油香芋夹”、“香芋扣肉”、“羔烧芋泥”、“芋头鱼头煲”等。

民间吃芋头方法更多，如四川家常菜“椒麻芋头”，做法虽简单，但别有一番麻香：芋头煮熟去皮，切成块，热油炒后，下花椒、盐炒匀便成。这是地道的“川味”。其他地方家常做法如：“葱油芋头”、“排骨芋头”（或可做成汤菜）、“芋头烧鸡”，还有“芋头烧肉”、“芋头烧萝卜”、“芋头烧扁豆”等等，有时亦作扣菜的垫底，不胜枚举。

还有芋梗，也是一种佳蔬，农家常食用，而今却成为酒楼、饭桌中的一项极受欢迎的家常菜。只是不可现摘现食，否则会刺痒喉头。要先将它切段，浸泡在淘米水中10余天，发酵酸化后便鲜美宜人了。另外农家也将芋梗切段晒干，用来炒吃，也风味独特。

第十三节 魔 芋

魔芋为天南星科多年生草本植物，经济产量是肥大的地下球茎。是一种价值较高的经济作物。它适应性广，抗逆性强，畜禽不食，鼠蚁不近，病虫害少，易种易管，贮藏保种容易，可利用房前屋后的空坪隙地种植，不与农作物争地。魔芋在海拔 400 ~1500 米山上、河边均可种植，在贮藏期间不像红薯那样易被家禽、老鼠等损伤，搁置在荫蔽、干燥地方也不会烂种。魔芋分布于我国西南和长江流域地区，以山区种植为多，湖南各地山区均有种植。由于种植魔芋成本少、产量高、效益大，是山区经济开发的重要的经济作物。

魔芋株高 1 米左右，地上茎酷似带点的乌梢蛇，它的复叶呈掌状，小叶作羽状分裂，整个枝叶与一根独秆形成一把酱油色的倒伸雨伞。夏季它开出一种淡黄色的单性花，着生在肉质的穗轴上，外面包着暗紫色的佛焰包。地下块茎膨大呈球状，球体内含一种有毒的生物碱，麻口麻手，但一经用白碱或灰碱漂煮，解除了毒性后，就可供作食用。

魔芋以块茎作种，在水、肥、气、热适宜的气候条件下，生长极为迅速，7 个月内一般能长大到原种体积的 10 倍左右。它不仅在枝叶繁茂时生长，就是在倒苗以后的晚秋和初冬季节，也能继续增重。魔芋产量高，667 平方米产鲜芋 3000 ~10000 千克，同时产量稳定可靠，零星种植，单株产量 2.5 ~5 千克，最重的可达 15 千克。一个 0.25 千克重的种芋，除本身能长 2.5 ~3 千克外，在它的周围还可长出 10 ~20 个大小不等的小魔芋，又可作为种芋栽培。

一、实用价值

有的国外报纸称魔芋为“魔力食品”。据科研单位测定，魔芋中含有一种用途极广的植物多糖——葡萄甘露聚糖，其含量高达40%～50%。葡萄甘露聚糖所含的纤维能刺激肠壁，增加肠道蠕动，帮助消化，能把肠内的有毒物迅速排出体外，可以有效地防治便秘、胆结石、结肠癌，对痔疮和静脉瘤有辅助疗效。日本称魔芋食品为“肠胃道的扫把”；葡萄甘露聚糖还含有降低胆固醇和降低血压的物质，可帮助把血液中的胆固醇含量调到正常值，有利防止和缓和心血管病。魔芋精粉基本上不含淀粉，多吃魔芋精粉食品，可以使血糖值下降，并能调节体内胰岛素的含量，防止糖尿病。

葡萄甘露聚糖的膨胀系数极大，可达到原体积的30～100倍，日本将它做成助控保健食品——“海曼那”，吃得不多，能给人以饱的感觉，而且避免了因营养吸收过多而发胖。所以，国外报纸大力宣传它“为减肥者带来福音”，“减肥者用不着再忍饥挨饿了”。最近国内外又进一步研究出葡萄甘露聚糖具有奇特的可逆性，在常温下成液状或糊状，升温至60℃以上变为固态，冷却后又变为液状，是功能独特的添加剂，如将千分之几的魔芋精粉添加在淀粉、糖果、糕点、饮料食品中，不仅能增加营养值，而且能强化品质，增加经济效益。

目前国外把魔芋食品的兴起称为“新兴食品工业革命”。此外，魔芋粉经化学改性后，可以制作强大的粘合剂、建筑涂料、钻井的封固液、丝绸的后处理剂、高级化妆品，在化工、医药的开发中还有多种用途。

开发魔芋，前景广阔，意义重大。它将有力地促进我国南方山区经济的发展。

二、栽培技术

（一）品种选择

全世界有魔芋品种130个，我国已发现并命名的有25个种，湖南的栽培品种有4个。其中花魔芋适于高海拔山地栽培，高产但品质略次。白魔芋适于低海拔山地栽培，产量较低但品质较好。南蛇棒是以含淀粉为主的种，几乎不含葡萄甘露聚糖，价值不高。疏毛魔芋栽培较少。当前对魔芋品种的选育目标，是高产、优质、商品性好，高山和平地都适种的品种。

（二）择地种植，精耕细作

由于魔芋的球茎在地下生长，最大的大如足球，产量高，需要疏松肥沃的土壤和较多的肥料。魔芋耐阴湿，喜冷凉环境，在山区以阴坡种植为好，水塘边、疏林下，房前屋后和日照稀缺的高山峡谷处都能生长得很好。也可与高秆作物间作，提高单位面积上的经济效益。适宜生长地区的平均气温为17℃左右，夏季气温不超过38℃。魔芋对土壤酸碱度较为敏感，以中性和偏酸性土壤环境为好，种在碱性土壤上则生长发育不良，甚至萎缩枯死。同时注意轮作，在连续种植2~3年魔芋后，需要轮作一次。应选择土层深厚、肥沃的地块种植，以利地下球茎生长膨大。在冬季，一般应深翻土50厘米左右，达到土层深疏，杂草根株除尽。并按种植密度挖出种植穴，穴深30厘米，667平方米用土杂肥3000~4000千克，拌复合肥30千克作基肥，施于穴内，并与穴内土壤混合，加覆薄土。

（三）选好种芋，适时早播

种芋应选择150~250克的球茎最为适合，种芋应形状正常、嘴短，顶芽鲜嫩，色淡红，表皮无皱纹，无疙瘩，不显老化。一般大种比小种高产。但过大，用种量太多，如果收挖一年生魔芋，适于种用的不少，可从中选取，超大的可以加工作商品处理，适于用种的作种。此外，还可利用地下茎选用粗壮的作种，在不得不使用大球茎作种时，可以采取切块，切成100~150克大小的种块，但必须保留2~3个芽点。切块时，边切边涂抹新鲜草木灰，防止感病。

种芋经1~2天晒种后，播前应进行消毒，可用25%的多菌灵500倍液浸种2~6小时；或用0.1%代森铵液浸种10小时；或用0.5%高锰酸钾液浸种30分钟。

适时早播能争取较长的生育期，有利高产。魔芋一般在“清明”前后发芽，气温在10℃左右即可下种，15℃出新芽，湖南一般在3月底到4月上旬，迟不过“谷雨”，及时下种。种植密度应因土壤肥瘦和地势而定，要因地制宜，除隙地零星种植外，成遍种植时，山坡等高作畦，密度可大；平地肥力高，密度宜稀，瘦地宜密。若每个种芋在250克左右，地力较肥，以行距0.7米，株距0.5米，667平方米栽2000株左右为宜；若种芋每个在250克以上，地力又较肥沃，可适当稀植，1500株即可；若种芋在250克以下，或地力较瘦，密度可加大到3000~4000株。

（四）田间管理

1. 肥水管理　魔芋是需肥较多的作物，在施足基肥的基础上，尚需追肥。追肥以速效人粪尿和化学肥料为主。第一次追肥为催苗肥，在苗高15厘米左右时667平方米追施5~10千克尿素，促地上部分繁茂生长。第二次追肥为催芋肥，在球茎开始膨大时施下，可用腐熟的人粪尿或复合肥与堆肥混合施下，施用数量应视苗情而定，切不可多施，造成徒长影响球茎膨大。在霜降前后，魔芋植株开始自然枯萎。可用完全腐熟的人粪尿淋蔸一次，以利倒苗后的块茎继续膨大。追肥应严格禁用碱性肥料。

魔芋植株生长茂盛，水分蒸发量大，遇到干旱要及时灌水，并在土面覆盖山青或干草，减少土壤水分的蒸发，以充分满足魔芋生长发育时对水分的需要，在雨水多的季节，应注意开沟排水。

2. 中耕除草　魔芋要适时中耕，除草在叶片尚未郁蔽前进行，以保持土壤疏松，有利于球茎膨大。中耕除草一般3次。中耕除草时不能损伤魔芋根部。每次中耕可结合施肥培土。

（五）病虫害防治

由于魔芋有顽强的野生性，加之含有毒性的生物碱，有麻味，一般来说，病虫害比较少。现已发现有甘薯天蛾又叫“猪儿虫”，主要啃食叶片，可用90%的晶体敌百虫1000倍药液喷杀，也可人工捕捉。还有蛴螬专食球茎，可用800倍敌百虫液，早晚各淋蔸一次，连续2~3次。病害有软腐病、白绢病，可及时喷洒50%多菌灵可湿性粉剂1000倍液，每隔10天喷一次，连续两次。

三、收获、留种、贮藏

湖南一般在10月下旬当魔芋地上部分逐渐枯萎、地下部分进入休眠期即可收获。但最佳收获期应在倒苗后1个月，因倒苗后地下球茎仍然膨大一段时间，可增加产量。收挖魔芋应选晴天，割去地上部分，不创伤芽体，小心挖出球茎，更不要伤皮，就地摊晒，清除泥土，按种用芋标准留足种芋，特别是一年生魔芋，适于种用芋较多，除第二年自用外，可留作种芋上市，其他地下茎也可另作繁殖用。

种用芋如冬播可在当地打霜前播种，播后上盖茅草或稻草。否则可以窖藏或沙埋。沙埋是在清洁干燥的室内铺一层麦秆或稻草，上摆种用芋，注意芽朝上，然后加盖干细沙，以刚盖没种芋为度。如此一层种芋一层沙，重叠3～4层，最后加盖草席覆盖物。维持贮藏温度5℃以上，不超过10℃。

对于加工用芋，大量的应争取及时加工，少量的可零星加工豆腐出售。也可沙埋在房屋一角，边加工边取。

四、加工利用

在原产地魔芋原料加工有如下三种：

（一）魔芋豆腐

将鲜魔芋去皮，磨碎，经简易加工就可成为别具一格的魔芋豆腐。通常1千克鲜魔芋可制成4～5千克魔芋豆腐。

（二）干魔芋片

鲜魔芋加工成干货，便于贮藏运输。干魔芋片是外贸出口和工业生产的原料。外贸出口的标准是：干燥（含水分12%左右）、色白、质坚、无泥沙、无黑斑、无霉烂、无虫蛀。成品和色泽是收购等级标准之一。白色、干净为甲等，灰白色为乙等，灰黑色为丙等。等级不同，差价很大。制作方法是，将魔芋球茎浸入溪水中，用钝刀刮去须根和外皮，并洗至无泥沙，无皮，干净为止，然后用锋利的不锈钢刀，将球茎快速切成0.5厘米厚的薄片，用日晒或热风干燥成片。

（三）魔芋粗粉

经干燥的魔芋干片，送入粉碎机或磨碎机中磨碎成粉，过100目筛即为粗粉。粗粉约含葡萄甘露聚糖60%，粗蛋白2%～4%，灰分3%～5%，水分15%～18%，淀粉和纤维质为12%～15%。魔芋粗粉比魔芋干片体积缩小，便于包装、保管和运输。

（四）魔芋叶柄加工

魔芋叶柄经加工后是一种佐餐的好菜。进人霜降后，天气逐渐转冷，魔芋的叶便开始枯黄，此时便可以采收叶柄加工。过早采收会影响球茎产量，过迟则叶柄得不到利用。采收方法是用镰刀在魔芋的叶柄基部平土割下，遇到倒苗的，直接用手拔起，因它很容易脱离魔芋基，但芽体仍然留在球茎上。收回后，将叶子摘除，清洗干净叶柄，然后放在开水中烫软捞起，撕成丝条晒干。食用时将它放在开水中煮软，再用清水漂洗后扭干，切碎后就可炒或煮汤，吃起来又另有一番风味。

第三章　特种药材

第一节　绞股蓝

绞股蓝近20多年来以“南方人参”而著称。它是一种多年生蔓生草本，系葫芦科绞股蓝属植物，又名七叶胆、七叶参、小苦药、遍地生根等。国内主要分布于陕西南部，长江以南各省区。湖南各地山区均有野生分布。朝鲜、日本、越南和东南亚地区也均有分布。绞股蓝以前被认为是杂草，自1972年以来，我国和日本开始对绞股蓝进行研究，发现绞股蓝有多种药用保健功能，因其有效成分与人参大致相近，因而获得“南方人参”的美誉。

一、药用保健功能与开发利用

全世界已发现13个绞股蓝品种，我国占11个，味有偏甜偏苦之别，而基本功效都相同，其味甘或微苦，性凉、无毒，含57～70种皂甙，其4～5种与人参皂甙的化学结构完全相同，更含人参所没有的甘茶蔓皂甙，同时还含丰富的水溶性氨基酸、多种维生素及微量矿物质，保健作用显著。

（一）保健功能

1. 健肠胃，增进消化吸收　服绞股蓝后，肠胃蠕动加快，食欲增加，耐饥渴的时间延长，既治便秘又治便塞。

2. 补脑安神　对大脑皮层兴奋和抑制的反应能保持适当的平衡作用。具优良的镇静、镇痛、安眠、抗紧张的功效。

3. 护心保脉　在降低心肌壁紧张、缓和脑血管阻力的基础上，能增强心脏活力，加大冠状动脉流量，缓和动脉硬化，促使整体循环更加旺盛而流畅。

4. 调脂减肥　实验证明，不忌食肥腻而服绞股蓝组，与忌肉不服绞股蓝组，定期检查比较，体内胆固醇与中性脂脉含量相近。由此可见绞股蓝对人体内脂肪有良性转化调节作用。

5. 健身强力　服绞股蓝与不服绞股蓝的老鼠比较，其游泳时间约长31%～57%，而体力恢复也快得多，人服绞股蓝后，体力精力更加充沛，不易疲劳，即使疲倦了也易于恢复，从而工作效率大增。

6. 抗过敏　人体某部分机能虚弱，会对某些物质产生过敏，而形成支气管喘息、皮肤丘疹、关节疼痛等症，绞股蓝对这些病效果颇佳。

7. 抗癌　药理实验证明，绞股蓝既有防止正常细胞癌变，又有使癌细胞恢复正常的功效，患鼠服绞股蓝组与不服者相比，癌瘤减轻44.8%，存活期延长53.3%。

绞股蓝与人参相比，有益成分大致相近，功效各有千秋，而人参的副作用与禁忌较多：凡人外邪未尽者，过早服用人参则病情加重，余邪更不易驱除；对血症患者，中医有“服童便百无一死，服人参百无一生”的告诫。凡阴虚火旺体质之人，服人参则有头晕耳鸣口干鼻衄齿血、牙痛、多眵、善食易饥等症出现。绞股蓝则无这些不良反应和禁忌，而只有极个别人，出现很轻微的恶心、呕吐、腹泻（或便秘）、头晕、眼花、耳鸣等症状，但一般都能坚持继续服药，过一段时间则适应，诸症自然消失。

（二）开发利用

目前，国内外已对绞股蓝进行了开发，现在日本除把绞股蓝用于临床外，又制成保健营养食品。而我国目前仅以绞股蓝为主要原料开发的中药类、食品饮料类和化妆品类等系列产品已达30多种。湖南省对绞股蓝的开发已取得了一定的成绩，如湖南省中药研究所先后与绥宁中药饮片厂联合制成“绞股蓝茶”，又协助湘阴县茶场开发出“绞股蓝袋泡茶”、“绞股蓝冲剂”。与武冈有关单位用红、绿茶加绞股蓝配制的“中华心泰保健茶”为国内首创。新宁县的中外合资企业——良山天然植物制药有限公司，以绞股蓝为原料，开发出的“南参茶”已畅销国内外市场。

当前，由于人们对绞股蓝的需求越来越大，然而野生资源有限，加之人为的滥采滥拔，很多资源已遭破坏，一些厂家已感到原料来源困难，因此，发展人工栽培绞股蓝已势在必行，并有着较好的经济效益。

二、栽培技术

（一）栽培特性

绞股蓝常见的品种有光叶绞股蓝、长梗绞股蓝和毛叶绞股蓝。根据其复叶组成又分为三叶、五叶、七叶和九叶等绞股蓝。但以七叶绞股蓝药效最佳。此外，按性味又可分苦叶和甜叶两大类型。

绞股蓝的茎蔓长达3米，为须根系。种子实生苗有主根与从主根发出的侧根，随着植株生长，在茎节上发生多数不定根。无性繁殖的苗，由茎节发生多数不定根，主根不发达，一般分布在5~10厘米的土层。茎柔弱细长，有棱。叶互生，掌状复叶呈鸟趾状，叶柄长2~7厘米，被柔毛，小叶5~9叶，小叶片卵状长椭圆形或卵形，有小叶柄，中间小叶较长，长4~12厘米，宽2~3厘米，两侧小叶较短，成对着生于同一叶柄上，叶的边缘有锯齿，叶两面被柔毛或近无毛。花单性，雌雄异株；花序为圆锥状，总花梗细长，可达 10 ~ 30 厘米不等，花梗短，苞片呈钻石形，花萼裂片三角形，长 0.5 厘米，花冠裂片披针形，长约 2.5 厘米，雄蕊 5 枚，花丝极短，花药卵形，子房球状，2 ~ 3 室，柱头二裂，果实球形，直径 5 ~ 8 毫米，成熟时黑色，有 1 ~ 3 粒种子，种子宽卵形，两边有小疣状凸起。

由于绞股蓝长期生长于阴湿的环境，适应于弱光条件，同时其根系浅生，须根短，只能吸收利用土壤表层水分，故性喜温暖、阴湿，忌强烈的阳光直射。但绞股蓝仍有较强的耐热性和较强的耐寒性，而且对土壤要求不严，各种土壤均可栽培。在湘中娄底市的丘陵地区红壤旱土上种植，仍能正常生长。若给予一定的遮荫设施，高温季节生长非常好。在生长季节中，如果雨水条件好，管理工作又能跟上，一年可收割 3 次，如果碰上干旱，管理工作跟不上，则只能收割 2 次。在湘中栽培，老蔸于 3 月中、下旬萌芽出苗，7 月上旬 ~9 月开花，9 月 ~10 月下旬果实成熟，10 月 ~11 月中旬落叶休眠。如果栽在大棚中，夏天盖遮阳网遮荫，冬季覆盖大棚膜，可增加 2 ~ 3 次收割次数。

（二）育苗方法

1. 种子繁殖　9 ~ 10 月采集成熟的果实，干后去皮，放在阴凉干燥通风处保存。次年 3 月底到 4 月初播种，播前先将种子用水浸泡一天。如能用 100 毫克/千克的赤霉素液或高锰酸钾液浸种，则发芽更整齐。播种前要做好苗床，667 平方米播种量 1.5 ~ 2 千克，采用条状点播法，条宽 10 ~ 15 厘米，每隔 4 ~ 5 厘米点播 1 ~ 2 粒种子，盖上薄土后架设荫棚或盖遮阳网，适时喷水，保持苗床湿润，当幼苗长到 10 厘米以上时，便可移栽。但因种子稀少，宜以枝条扦插育苗为主。

2. 枝条繁殖　绞股蓝枝条扦插成活率高，生长季节均可进行，但以“清明”至“立秋”进行为佳。苗床最好用细沙，或一半沙一半土。畦呈龟背形，四周开沟，以利排水。选取强壮枝条，取壮蔓三节（约 8 厘米长），顶节留叶片，下两节去叶插入沙土中。扦插时按 5 厘米 ×10 厘米的株行距，先用小棒插孔，然后插入枝条压紧泥土。及时浇水，保持土壤湿润并搭好遮阳棚，10 天后即可发新根，一个月后苗长达 20 厘米左右时便可移栽。

3. 压条育苗　生长季节均可进行。在绞股蓝壮蔓茎节处培压土壤，只要土壤较为疏松湿润，富有腐殖质，便可生根成苗。成苗后，只要稍培土压蔓促其生根，每节长出新梢 5 ~ 10 厘米长时，分割成株，并带泥挖出，便成新株，可另植它处。

绞股蓝是雌雄异株，利用枝条扦插和压条育苗繁殖，要注意雌雄株的适当比例，以便能采收种子。

（三）大田栽植

绞股蓝虽然适应性较强，不择土质，但选择土质肥沃的地块来进行栽培，可以提高产量。若栽植在差土瘦土上，则应施足农家肥作基肥，也可以在果园中进行套种。为了便于管理和收割，且便于搭棚遮荫，可采取分畦种植，畦面宽 1. 2 ~ 1. 5 米，每畦栽两行，株距 30 ~ 40 厘米，按株行距挖穴，穴内按 667 平方米施入腐熟的农家肥 3000 ~ 4000 千克，复合肥20 ~ 25 千克，拌和后施入穴内作基肥。每穴栽苗 1 ~ 2 株，栽后及时淋安蔸水，一般移栽菌要具有 2 ~ 4 叶，生长健壮，并要带土移栽。

（四）田间管理

1. 补蔸　由于起苗、运输和栽植时损伤幼苗，或其他原因的影响，幼苗移植不能达到百分之百的成活。栽植 3 天后，要进行检查，发现死苗，应及时补栽。

2. 中耕除草　移栽成活后到封行前，中耕 1～2 次，可结合补蔸进行。雨季容易造成土壤板结，必须及时松土，保持土壤良好的透气性能。及时除去杂草，以免与绞股蓝争水、争肥，维护绞股蓝的生长优势。

3. 肥水管理　入夏后，是绞股蓝的生长旺盛时期，应供给足够的水肥。移植后 10 天左右，要结合中耕除草，进行一次浇水施肥，以 3%～4% 的腐熟人粪尿水，或以 0.3%～0.4% 的尿素对水淋施。以后发现土壤干硬，中午叶片萎蒡，要立即淋水抗旱。如发现叶片萎黄，长势不佳，应追肥。淋水与追肥应在下午或早上进行，不能在中午高温下施肥和淋水，以免造成死苗。

4. 搭荫棚　在 7～8 月，气温高，雨水少，常造成大量死苗，应搭荫棚遮荫，日盖夜露。荫棚高矮以便于人员在下面作业为准，一般为 2 米高。

5. 设支架　当苗 20 厘米高时，应设置“人”字支架，引蔓攀缘生长。或在荫棚架拉绳索引蔓。其好处是，一是增加授粉机会，提高结实率；二是改善通风透光环境。可防止种子霉烂和叶片脱落；三是便于采收种子。

6. 病虫害防治　绞股蓝一般没有病虫危害。幼苗在多雨地区有时发生猝倒病，多因苗床积水、覆盖过厚、表土板结、高温等原因造成。只要排除这些不利因素，幼苗就不会发病。万一出现病虫危害，只能采取改善管理措施或进行人工捕杀解决，切忌使用农药。同时亦应注意防止家禽家畜糟踏。

（五）收割和干燥

当绞股蓝茎蔓长到 1 米以上，底层叶片枯黄即可开始收割。长势旺盛的一年可收获 3～4 次，第一次在 6 月份，第二次在 8 月份，第三、第四次在霜雪来临之前，为最后一次收割。收割时，蔸部应保留 30 厘米及数片绿叶，以便继续萌发生长，收割后要追肥促进萌蘖。收割后的鲜藤可洗净加工成茶叶。或送加工厂。离加工厂远的，可将藤蔓除去杂草泥土，扎把晒干，切不可堆在一起造成霉烂。晒干后，叶片应保持其绿色，并打捆送收购单位。切忌烟熏火烤，要求藤蔓无杂质、无泥沙、无霉变、无臭味、无伪品。收割应选晴天露水干后进行，一般每667平方米可收干茎叶200～400千克。

（六）宿根越冬管理

绞股蓝地上部分采收后，到了冬季，为了保护宿根，可覆盖枯枝落叶、稻草等物，也可盖土保温，以利来年生长。到来年春萌发后，加强培育，单产比第一年高，以后逐年增加，可采收4～5年再重植。

三、制茶加工法

绞股蓝茶，呈鲜绿色，冲茶后味甘芳香；亦能用作食品色素及食品和药物营养添加剂。其加工方法如下：

1. 除杂　先将刚收割的新鲜绞股蓝去根除杂（叶茎分选或叶茎混合加工均可）。再把叶茎切成每段3～4厘米，用水冲洗干净，并薄摊晾干后备用。

2. 蒸制　量较大，用蒸茶机蒸制，少量的可用竹笼蒸制，即用100℃左右的水蒸气蒸35秒钟，若温度更高，蒸25秒钟即可。

3. 炒制　蒸制后的原料晾冷后，放入预加热至300℃的铁锅内炒3分钟。如铁锅温度只有200℃～250℃，则需炒50分钟。并注意边炒边充分搅拌。受热不均及青黄不均，会影响品质。

4. 揉制　炒制后的产品趁热揉捻。边揉捻边加大压力。然后用200目的网筛过筛，余渣再次烘热，进行二次揉制，减少损耗。

5. 烘制　揉制后的产品呈粉末状，薄摊于烘盘里，放入干燥器或加热的铁锅内（65℃）干燥3小时，不可在常温下自然干燥。

6. 包装　烘制后的绞股蓝茶，宜用白铁桶、塑料袋（经过消毒）包装，置于阴凉干燥处备用。

第二节　薏　苡

薏苡，又称薏米、薏仁、六谷米等。原产我国，在周代早就有栽培，汉代就被列为“五谷”之一，16世纪传人国外。其亲缘与玉米相近，生理结构与水稻相近，分蘖力强，根系发达，有气生根、水生根，能吸收溶解在水中的氧气及矿物养料，茎上有通气孔道，使空气能顺利地通往根部，水旱能种，被誉为“世界禾本科之王”。

我国南北各地均产薏苡，湖南以城步县为主产地，常年栽培面积667公顷（约1万亩）左右，其他各县市山区均有出产。早熟品种667平方米产100~150千克，高的可达200千克以上，中熟品种667平方米产150~200千克，高的可达350千克，经济价值较高。

一、功效与用途

我国民间对薏米早有认识，作饭食为佳馔，并视其为一味名贵中药，古代则把薏米作为宫廷膳食之一。

薏米含蛋白质13.7%、脂肪5.4%、碳水化合物64.9%。其所含蛋白质、脂肪远比大米、小麦高。人体必需的18种氨基酸齐全，且含B族维生素，钙、磷、钾、铁也十分丰富。薏米的发热量也高于其他粮谷类，而且具有容易消化吸收的特点，对减轻胃肠负担，增强体质有利。

20世纪80年代初，薏米健康食品风靡日本，他们以薏米为原料生产的即食米饭、方便粥、糕点、糖果、饮料、酱油等薏米食品，颇受人们欢迎，并成立了全国性组织——国产薏米仁食品开发协议会，并指定薏米为“战略食品”来开发，以促进国民的体质。日本每年除自己生产600吨薏米外，还要进口1万吨以上，其中48%作饮料产品的原料。在欧洲，薏米被誉为“生命健康之禾”。南美洲国家将薏米磨粉后，以30%比例掺杂于面粉中，制作面包、糕点和通心粉。

薏米不但营养价值很高，还是一味名贵的中药，我国药膳中应用甚广。现代医学研究发现，薏米对由病毒感染引起的赘疣以及癌瘤有一定的治疗价值。青年扁平疣、寻常疣，用生薏米仁水煎食用，或捣烂外敷均有明显疗效。疣病是病毒引起的一种皮肤病，薏米治疗疣与其有抗毒性能有关，不少肿瘤的发病也同病毒有关。据资料介绍，薏米对防治胃癌、子宫颈癌效果良好，体外试验证实，薏米确有抑制艾氏腹水癌细胞发展的作用。据认为，其有效的抗癌成分是薏米脂。薏米经加工成疗效食品，经常食用对治疗慢性胃肠炎、消化不良等症也有显著效果。薏米食品还是一种美容佳品，常食可以保持人体皮肤光泽健美，能够消除粉刺、雀斑、老人斑、扁平疣，对脱屑、疙瘩、皱裂、皮肤粗糙等有良好疗效。正常健康人平时经常吃些薏米食品，既可化食、利小便，使身体轻捷舒适，又能减少癌症发病的机会，实是一举两得，极有价值。

薏米可用来酿酒、作糕点，是副食品工业的重要原料。日本还将薏米作为动物饲料的添加物，饲喂薏米可治疗乳牛嘴肿和脂肪坏死症，对牛受胎率和鸡产卵都有促进作用。

随着人民生活水平的提高，特别是药用数量需求大，食品开发利用广，出口增多，发展薏苡生产，不失为农村一项致富的重要门路。

二、栽培技术

随着栽培技术的不断改进，薏苡的栽培有旱栽和水栽之分。

（一）栽培特性

薏苡为一年生禾本科草本植物，株高1.3～2米，茎上被有一层白色蜡质，有稀密不等的节10～16个，以第5～6节最长，第1节最短，第8节以上渐渐细小成为结果分枝。茎上各节的结果分枝，都从包茎的叶鞘中抽出，每株通常有2～7个分枝，分枝愈多，产量愈高。分枝上又有节和包茎叶鞘，节上抽出小分枝，小分枝抽出花穗，结出果实。叶呈长披针形，先端尖，叶脉平行，叶鞘长，光滑、包茎。花为淡黄色，雌雄同株。开花顺序由分枝的下部逐渐向上移，先抽穗的先开花。花为无限花序，花期延续45～60天，为穗状花序。雌蕊外包是硬质苞。花柱上部分为2枝，伸出苞外，呈羽毛状，开始鲜红色，花谢后变为黑褐色。雄花梗先从硬苞内抽出，花梗上有2～7个小穗，每小穗含3花，形似麦穗。雌花柱和雄花梗授粉后自行消失，只剩种壳硬苞。果实成熟后，硬苞变成骨质，果实较大，椭圆形，果壳淡黄色或黑褐色，有光泽，内仁白色；腹沟深，米质黏稠。根白色，先端大，须根少，根多从地平茎基部1～2节发出，地上部茎节同样可发出气生根，单株群一般有20～42根，有些单株多到70～85根。根到结实时长达0.7～1.2米，均分布于土壤表层，如此繁盛根系，对增强薏苡植株的抗逆性、抗倒性、耐肥性有重要作用。

薏苡喜欢湿度大、温度不太高的气候。种子在土温12℃以上开始发芽，刚出土的幼苗如遇3℃～4℃的低温，苗不会冻坏，播种后如气温在16℃～23℃之间，7～12天出苗。从幼苗到抽穗期（4～7月底）以17℃～24℃，开花期24℃～27℃，相对湿度为60%～70%，并有微风的天气授粉结实率为最高。但在立夏边播种的，开花期正逢一年中最热的季节（大暑～立秋），这时超过30℃的日子是较多的，但只要不是连续10～20天都是30℃以上的酷暑，早晨有雾，还不致空壳瘪粒。如果温度高过33℃，相对湿度不足50%时，花粉花柱很快干枯而丧失生活力，果实变为空壳。

薏苡喜温暖湿润，昼夜温差大、山区云雾多的气候最适于生长。由于薏苡耐潮湿而不耐干旱，其需水规律与水稻相似。苗期湿润有利于营养生长，抽穗灌浆阶段不能断水，土壤干旱，应及时灌溉。薏苡对土壤要求不严，除过于黏重的土壤和干旱水源困难的地方不能种植外，其他土壤均可种植。农村房前屋后的隙地、荒野、溪边、山谷都可种植，但忌连作。

（二）栽培品种

薏苡的生育期，早熟品种为110～120天，中熟品种为150～160天，晚熟品种为210～230天。在湖南中熟品种于4月上旬播种，6月下旬拔节孕穗，7月上旬抽穗开花结实，9月中旬采收。薏苡有四个品种。

1. 高秆白壳　分布在我国东部，生育期长，耐盐碱，产量较高。

2. 高秆花壳　混有白壳、黑壳两类。植株高大，生育期长。产量较高。

3. 高秆黑壳　幼苗紫红色，植株高大，分枝多，生育期较短。产量较低。

4. 矮秆黑壳　除植株较矮外，其他与高秆黑壳同。

薏苡在我国分布虽较广，但种质资源较少，在各地长期栽培中形成了不少具有特色的地方品种。其中四川的白壳薏苡、辽宁的薄壳早熟薏苡（易加工脱壳）、广西的糯薏苡、湖南的城步苡米等，尤其是城步苡米早就是国际市场上享有盛誉的地方良种。

为适应今后市场经济发展，应在搜集整理地方各种资源的同时，选育出矮秆、结实整齐、优质高产而又熟期适当的优良品种。

当前引种中，要注意薏苡的短日性特点，考虑地区间生态条件的差异，避免盲目性。

（三）旱栽

1. 选地整地　薏苡适应性广，对土壤要求不严，可选荒坡地，或前作为豆类、棉花、油菜、薯类等作物的熟地，或树高在1米以下的第一、二年造林地。于冬季深翻25～30厘米，667平方米施人优质农家肥2500～3000千克，加钙镁磷肥30～50千克，草木灰100千克作基肥，翻入土中，并整成1.5～2米宽、20厘米高的畦，沟宽27～33厘米，即可准备播种。

2. 播种　播种质量的好坏，关系到全苗与壮苗，应认真对待。

（1）种子消毒　为了防止黑穗病和提高种子发芽率，应先进行种子消毒，第一种方法是用5%的石灰水或1:1:100波尔多液，浸泡24小时，取出洗净，取下沉种子作种用。第二种方法是将盛有种子的箩筐浸入80℃的热水中，用木棒搅拌2～3分钟，然后摊开散热，凉后即可播种。第三种方法是用75%的五氯硝基苯0.5千克，种子100千克拌种消毒。上述三种方法，可任选一种。

（2）播种期　播种期的选择，应考虑在盛花期避开高温，以减少空壳。一般海拔800米以上的高寒山区宜在清明后7～9天播种，海拔600～800米的低山区在谷雨左右播种，海拔600米以下的丘陵地区则以立夏前播种为宜。又如冬闲地，春播可在清明边，前作为夏收作物如油菜，可在谷雨～立夏套种，或收获前作后，立即抢季节播种。若采用育苗移栽，可在栽前30～40天播种育苗，苗床与大田比为1∶15，当幼苗7叶左右移栽。移栽前幼苗5叶或6叶时追施送嫁肥，667平方米追施尿素8千克。如用薄膜育苗，可提早在3月中旬，早播早栽，早长早发；分蘖多，产量高。

（3）播种方式 有点（穴）播和条播两种。点播株行距为：春播早熟种20厘米×25厘米，中熟种35厘米×45厘米，迟熟种45厘米×60厘米，夏播还可适当密些。每穴播种4～6粒，667平方米用种3～4千克。由于点播株间拥挤，分蘖节位高，影响产量。故宜采用宽行条播。条播的行距：早熟种30～35厘米，中熟种35～45厘米，迟熟种45～60厘米，播沟深3厘米，均匀播种，667平方米用种4～5千克。播后盖火土灰平畦，并随即淋施稀薄人粪尿水每667平方米1000千克，以促进发芽出苗。如果育苗移栽，苗床播种则可采用撒播，与水稻育秧方式相同。如采用湿润苗床，每667平方米秧田播种15千克。移栽时行株距与直播相同，每穴栽苗1～2株，带土移栽，栽后及时淋施安蔸水粪，促使回青早，发根早。

3. 田间管理

（1）中耕除草，间苗补苗 幼苗在2～3叶进行第一次间苗，间除密苗、弱苗，缺苗处及时补栽。薏苡在整个生育期一般需中耕除草3次。直播的第一次在苗高10厘米左右时除草、间苗、定苗，每穴留2～3苗，并补缺株，要求浅中耕、除净草，以促分蘖。第二次在苗高20厘米时，浅锄、除草。第三次在苗高30～40厘米时培土，防倒伏。每次中耕除草都要选晴天进行。第二次中耕时结合拔掉萌蘖，薏苡分蘖是连续不断的，一直到收割前还有少量分蘖在萌发，一般1～3次分蘖是有效分蘖，四次以后是无效分蘖，就要随时拔掉，使养分集中供应，减少空壳，增加粒重。

（2）肥水管理　合理管水是薏苡高产稳产的一项关键措施。要求“两头湿、中间干”。生长前期，土壤湿润，促齐苗壮苗，分蘖后期应排水晒田，控制无效分蘖；进入拔节期（约出苗后 60 ~ 70 天）要保持土壤比较干燥，以防徒长，后期倒伏；而孕穗期到灌浆阶段，又必须保证足够水分，经常灌水，每次灌水满沟，湿透土壤，保持湿润。干旱缺水，则抽穗数大减，空秕粒增多，严重影响产量。收获前 10 天左右，停止灌水，保持半干，以便收获。在追肥上，一般应进行三次，第一次结合第一次中耕，667 平方米追施腐熟人粪尿 750 ~ 1000 千克，促苗增蘖。第二次在孕穗前，每 667 平方米追施人畜粪尿 1000 ~ 1500 千克，或尿素 5 ~ 7 千克，或腐熟饼肥 50 千克，壮株促大穗。第三次在抽穗前，667 平方米追施人粪尿 1000 ~ 1200 千克，或尿素 5 ~ 10 千克，视苗情的好坏，控制用量。

（3）摘叶打顶　拔节以后，把第一分枝以下的脚叶和无效分蘖一起摘去。以利通风透光，促茎秆粗壮，防止倒伏，开始抽穗时，把主茎的顶心摘去，有利于多分枝，多结实。

4. 病虫害防治　危害薏苡的病害主要有黑穗病和叶枯病，虫害主要有玉米螟和粘虫。黑穗病除了进行种子消毒进行预防外，可用 70% 甲基托布津可湿性粉剂对 800 倍水喷雾。叶枯病可用 65% 可湿性代森锌 500 倍液喷洒，7 ~ 10 天喷一次，连续 3 次即可。玉米螟在 6 月上旬至 8 月下旬时有发生，要注意防治，除拔除枯心苗，用黑光灯诱杀成虫外，心叶展开时，用 50% 可湿性西维因粉 0.5 千克，加细土 15 千克，配成毒土灌心。粘虫的防治，在幼虫阶段喷 50% 敌敌畏 800 倍液；成虫阶段配糖醋毒液（糖 3 份、醋 4 份、白酒 1 份、水 2 份，拌匀）诱集捕杀。

（四）水栽

水栽薏苡的产量比旱地栽培提高将近一倍，它能提高结实率，旱地栽培结实率为50%，水栽的达80%。在山区，海拔300～1000米处的稻田一般只能种植单季稻，如果将其改种薏苡，那经济效益是很可观的。另外，薏苡高产，应以高海拔山区移向低海拔的低山、丘陵、岗平区，旱作应当改水种。薏苡水种，主要技术应抓好三条：

1. 精细播种　薏苡在500米以下的地区可春播也可夏播，春播在3月下旬至4月初，夏播在立夏前，利用地热较低的冲田洼田栽水稻产量不高的低产品种，种子选择无病害的头年种子。不用隔年的陈旧种子。播种前，种子按旱栽的办法进行种子消毒，然后按33厘米×14厘米行株距挖穴，每穴播壮实种子4粒，留壮苗1～2株，667平方米用种子2.5千克左右。播种前，应先将种子拌些有气味的农药防鼠害。

2. 管好水层　播种前要分畦开好畦沟、围沟，畦面宽1.5米左右，畦沟宽20～30厘米，围沟的宽深大于畦沟。苗期坚持晴天满沟水，阴天半沟水，雨天不关水，田面现白灌跑马水，保持湿润；分蘖末期晒田控分蘖，强苗重晒，苗弱轻晒。出苗2个月后进入孕穗期，需水量大，灌水上畦面，保持2～3厘米浅水层，抽穗期直到收获前10天左右，要灌足3～4厘米深的水层不断水，满足生理需水以夺取高产。

3. 科学施肥　667平方米用腐熟猪牛粪2000～2500千克，拌磷肥40～50千克，集中穴施作基肥。苗期每667平方米用人粪尿200～300千克对水泼施，或用尿素6～10千克，撒施作分蘖肥，促分蘖壮蘖。孕穗期要重施穗肥促大穗，每667平方米用尿素10～12.5千克撒施。

此外，还应注意防治玉米螟。

（五）选种留种

采收前，进行田间株选，选矮壮、分蘖（枝）多、结实密、成熟一致而又早熟的丰产单株作留种株。种子成熟时，单收再粒选，并剔除变异畸形与病虫危害，以及未成熟的种子，留饱满而富光泽的种子作种，一般株选120株左右的种子，可供667平方米繁殖用种。

（六）收获脱粒

薏苡的适收期因品种而异，早熟种在7~8月上旬，中熟种在8月下旬到9月上中旬；迟熟种在10月下旬到11月中旬。当植株中下部叶片枯黄，果实呈固有颜色时即可收获。由于种子成熟不一致，大田应以种子成熟占全田70%时收获。过早，成熟不足，空壳多，产量低；过迟，籽粒脱落，造成减产。收获应选晴天。收获方法：一是先摘成熟籽粒，以后再割下经后熟脱粒；二是大部分籽粒成熟时，即割下植株在田间堆放6~8天，让其成熟，再用打谷机脱粒。脱粒后，连续晒干，以备贮藏。

薏苡外壳坚硬，不易破碎，可用碾米机或脱壳机去壳和种皮，筛净再晒干，即为生薏米，可以贮藏，也可上市，出米率为50%~75%。生薏米的规格，要求粒大、色白、完整、无屑、无壳、无走油、无虫蛀。

第四章　特种香料植物

鱼香叶树

鱼香叶树又叫鱼桂叶树和鱼香桂，为樟科植物。因其叶片晒干后有一种独特的芳香，在炒菜或打汤时，加一两片鱼香叶，可使菜肴芬香四溢，令人食欲大增，特别是与鱼和豆腐共烹，可使其腥气全无，风味独特，故称鱼香叶和鱼桂叶。

鱼香叶树为常绿乔木或小乔木，树高 5～12 米，最高可达 15 米，树冠椭圆形，枝叶繁茂；叶互生，革质，离基三出脉，有光泽，椭圆状披针形，长 8～11 厘米，宽3～5厘米；聚伞状花序，3～5 月开花，9～10 月球形小果成熟。性喜温暖，耐寒、耐半阴，凡可栽樟树的地方均可栽培，但以肥沃、湿润、排水良好之地生长良好（最适海拔高度在湘中一带为 400～800 米），品质最佳，平地、丘岗亦能生长良好。3～4 月萌芽抽梢，一年可抽梢生长 2～3 次，最佳商品叶为老熟叶片，含芳香油最丰富，采叶最佳期为 7～8 月，每百片干叶重为 2～3 克。鱼香叶树按叶片来分，有大叶和小叶两个品系。大叶系叶片较大，枝梢较稀，但较粗，树冠稍直立，产叶量较高；小叶系枝叶密集，树冠较开张，叶数多，但叶片小，叶片芳香油的含量略高于大叶系。

一、栽培价值

鱼香叶树在湖南山区和丘陵一带的农家，多有在房前屋后或在庭院中栽培的习惯，尤以新化县和新宁县栽培最多，民间作为烹调香料用。

由于鱼香叶树的枝、叶、果中含有宜人的芳香油，民间常用其干叶片烹调各种肉类和平常小菜，最有特色的为鱼香豆腐、鱼香鱼，鱼香泥鳅、黄鳝，鱼香米粉肉、鱼香鸡、鱼香鸭等；还可作为佐料加工各种特色熟食、特色小吃，亦可深加工为特色调料，如鱼香辣椒粉等。近几年来，由于人们生活水平的提高，鱼香叶作为烹调香料，已逐渐为城镇居民所喜爱，而且已进入了一些宾馆和饭店。在娄底市的药材市场上，鱼香叶作为调味香料出售，每千克干叶售价高达40～60元，药贩在农村收购其鲜叶，每千克出价6元，尚无货供应。致使有限的鱼香叶树被毁灭性地折枝摘叶，已濒于灭绝。如进行人工种植，既可拯救这一濒危的植物资源，又可采叶创收。如6年生树，每株可采鲜叶7千克，合干叶2千克，每667平方米栽100株，收入可观。若采用矮化密植，三年后就可采叶上市，打破“五香、八角”一统天下的局面，丰富调味品的花色品种，为农村致富又添一条途径。目前，娄底农业农机学校的曾玉华老师（电话号码：13037383957，邮编：417000）对鱼香叶树进行了多年的栽培研究，并在新化县天门乡树溪村进行了较大面积的开发性栽培。

二、栽培技术

（一）种苗培育

目前由于鱼香叶树资源日益遭到破坏，所以种苗稀少而珍贵，可采用种子繁殖、扦插育苗和压条繁殖。其中以嫩枝扦插为最好，具体方法是：扦插时间为 6 ~ 8 月，于晴天的清晨和傍晚，从品种优良、生长健壮的 20 ~ 30 年生的树冠中上部，取当年生嫩枝，剪成 15 ~ 18 厘米的插条，留顶部 1 ~ 2 叶，用 ABT_1 号生根粉 200 毫克/千克或奈乙酸 200 ~ 500 毫克/千克浸插条基部 12 小时，然后插入土壤或细河沙等基质的苗床中，插入枝条的 1/3，并浇透水，上搭荫棚，或盖上遮阳网，并经常注意淋水，保持苗床湿润。2 个月后便生根，第二年春天，再移栽入施足基肥的苗圃中，行距为 30 厘米，株距为 20 厘米，培育一年后出圃上市或栽植于山地或庭院中。

（二）栽植

栽植时间可在 11 月前后至第二年春萌芽前。栽前 1 个月应整地并挖好定植穴，栽培密度，行距 3 ~ 4 米，株距 2.5 ~ 3 米，667 平方米栽植 70 ~ 110 株，穴深 0.8 米，宽 1 米，穴中施入农家肥 50 ~ 100 千克，钙镁磷肥 1 千克，草木灰 1 ~ 2 千克作基肥，并与穴内泥土拌和均匀，然后进行栽植，栽植方法与栽培果树相同。

（三）抚育管理

在栽植后的春夏期间，应中耕松土除草 3 ~ 4 次，并多次配合施用尿素每株 100 克及复合肥 50 克，人秋后停施氮肥，防止枝条不能老熟而受冻害。也可与低矮作物间作，如绿豆、花生、黄豆等，进行以耕代抚。

为培养速成丰产树冠，可于春梢和夏梢分别长至 25 厘米时摘心，精心培养，均匀配置 2 ~ 4 主枝，形成矮化的丰满树冠，增加叶产量。

鱼香叶树由于有芳香气味，病虫危害较少。但要注意防治介壳虫、粉虱等隐蔽的害虫，及注意防治煤烟病。禁止使用剧毒、高残留的农药，并应在采叶前一个月停施任何农药。

三、采收及应用

（一）采收

鱼香叶树栽植后 3～4 年，树高 2～3 米时，即可开始采叶。采叶时间以 7 月叶片充分老熟时采集叶片为好，具体采法是用枝剪剪下当年生的枝条，保留基部 1～2 叶，以利当年再发生一次枝梢。枝叶剪下后，置于通风干燥处，当叶色变黄，闻之有香，即摘下叶片用塑料袋装好密封贮存或上市出售。

（二）应用

1. 鱼香叶含有浓郁且能去腥气的香味，与菜肴共烹，香气扑鼻，风味独特。使用时将鱼香叶整叶或磨成粉与菜共烹即可。

2. 鱼香叶磨成粉与其他调料拌和，加工成具有芳香气味的多元特种调料，如鱼香叶辣椒粉、鱼香叶胡椒粉、鱼香叶豆豉等。

3. 以鱼香叶作佐料，加工特色小吃，如萝卜干、豆腐干、小鱼干、鸡翅、鸡爪、鸭掌等，风味宜人。

另外，鱼香叶树四季常绿，树姿优美，芳香四溢，可栽植于庭院，亦可盆栽，食用观赏两相宜。